办公自动化软件及应用
（第4版）

姜书浩　主编

张勇　王梦倩　王桂荣　参编

U0387568

清华大学出版社
北京

内 容 简 介

本书根据教育部《关于进一步加强高等学校计算机基础教学的意见暨计算机基础教学基本要求》中有关"计算机技术基础"课程的教学要求,结合作者近几年的教学改革和实践编写而成。书中主要介绍了WPS Office 最新版本的几个主要应用软件,内容包括 PDF 文件的基础知识、文字基础知识与应用、表格基础知识与应用和演示基础知识与应用等。全书采用任务驱动模式,以 WPS Office 办公软件的应用案例为出发点,紧密围绕办公、教学过程中的文字处理、表格数据管理、演示文稿制作进行了详细讲解。本书为学习者搭起了学与用的平台,充分展示了 WPS Office 最实用的功能与应用。

本书适合作为高等学校计算机技术基础课程的教材,也可作为普通使用者学习办公软件的参考资料。

图书在版编目(CIP)数据

办公自动化软件及应用/姜书浩主编. —4 版. —北京:清华大学出版社,2024.5
ISBN 978-7-302-66287-7

Ⅰ. ①办… Ⅱ. ①姜… Ⅲ. ①办公自动化－应用软件－高等学校－教材 Ⅳ. ①TP317.1

中国国家版本馆 CIP 数据核字(2024)第 098088 号

责任编辑:汪汉友
封面设计:何凤霞
责任校对:李建庄
责任印制:丛怀宇

出版发行:清华大学出版社
      网　　　址:https://www.tup.com.cn,https://www.wqxuetang.com
      地　　　址:北京清华大学学研大厦 A 座　　　　　　邮　　编:100084
      社 总 机:010-83470000　　　　　　　　　　　　邮　　购:010-62786544
      投稿与读者服务:010-62776969,c-service@tup.tsinghua.edu.cn
      质量反馈:010-62772015,zhiliang@tup.tsinghua.edu.cn
      课件下载:https://www.tup.com.cn,010-83470236
印 装 者:河北鹏润印刷有限公司
经　　销:全国新华书店
开　　本:185mm×260mm　　　　印　　张:16.25　　　　字　　数:397 千字
版　　次:2010 年 9 月第 1 版　　2024 年 6 月第 4 版　　印　　次:2024 年 6 月第 1 次印刷
定　　价:49.00 元

产品编号:097822-01

前　言

为了适应高等学校计算机基础教学的改革和发展,提高教学质量,适应信息时代对当代大学生计算机知识的新需求,提高高等学校非计算机专业学生计算机的实际应用能力,根据教育部高等学校非计算机专业计算机基础课程教学指导委员会对大学计算机基础课程的教学要求编写此教程。

WPS Office 是由北京金山办公软件股份有限公司自主研发的一款套装办公软件,于1989 年推出了 WPS 1.0,可以实现办公软件常用的文字、表格、演示、PDF 等多种功能,除了具有内存占用低、运行速度快、云功能多、插件平台功能强大的优点外,还免费提供在线存储空间及文档模板。

WPS 支持阅读和输出 PDF(.pdf)文件,具有全面兼容微软 Office 97～Office 2010 的格式(doc/docx/xls/xlsx/ppt/pptx 等)独特优势。覆盖 Windows、Linux、Android、iOS 等平台。WPS Office 支持桌面和移动办公,其移动版在 Google Play 平台覆盖了五十多个国家和地区。

2020 年 12 月,教育部考试中心已将 WPS Office 作为全国计算机等级考试(NCRE)的二级考试科目,于 2021 年在全国实施。

鉴于 WPS 的优秀性能,本书第 4 版以 WPS Office 作为操作对象,介绍办公自动化软件的应用。本书力求帮助读者更好地使用 WPS,主要包括 4 部分内容:WPS Office 综合应用基础、WPS 文字的应用、WPS 表格的应用和 WPS 演示的应用。

本书由姜书浩担任主编并统稿,潘旭华教授担任主审,姜书浩、张勇、王梦倩、王桂荣等参加编写。其中张勇编写第 1、2、7、8 章,姜书浩编写第 3～5 章,王桂荣编写第 9、12 章,王梦倩编写第 10、11 章。

在本书的编写过程中,得到了清华大学出版社编校人员和作者所在学校的大力支持和帮助,在此表示衷心的感谢。在本书的编写过程中,参考了大量优秀的图书和网络资料,在此对它们的作者一并致谢。

由于各种原因,书中难免有欠妥之处,敬请专家、读者批评指正。

编　者

2024 年 5 月

学习资源

目　　录

第四篇 演 示 文 稿

第一篇

WPS Office 应用基础

第1章　WPS Office 的功能

1.1　WPS Office 简介

　　WPS Office 是由金山软件股份有限公司(简称金山公司)自主研发的一款办公软件套装,可以实现办公软件最常用的文字、表格、演示等多种功能,具有内存占用低、运行速度快、体积小巧的优点。除此之外,它还有强大的插件平台支持,免费提供海量在线存储空间及文档模板,支持阅读和输出 PDF 文件,全面兼容微软 Office97～2010 格式(doc、docx、xls、xlsx、ppt、pptx)等独特优势,可在 Windows、Linux、Android、iOS 等操作系统中运行。WPS Office 支持桌面和移动办公,其移动版通过 Google Play 平台,应用范围已覆盖五十多个国家和地区。目前,WPS for Android 在移动应用排行榜上领先于微软公司等其他竞争对手,位居同类应用之首。

　　长期以来,主流的办公软件仅有 WPS Office 和 Microsoft Office。这两款软件相互兼容并且使用界面和功能基本相同。二者的关系需要从 WPS Office 的发展史谈起。下面是 WPS 的发展历程。

　　1988 年 5 月,求伯君在某出租房里开发出了 WPS(Word Processing System)1.0,从此开创了中文文字处理时代,而微软公司的 Office 办公软件则在两年之后才被研发出来。

　　1988—1995 年,随着 WPS 的迅速发展,学习 WPS 几乎成了学习计算机的代名词,社会上各种计算机培训机构的主要课程除五笔字型输入法外,就是 WPS。当时,学习打字录入几乎全用 WPS。WPS 成为中国第一代计算机使用者的启蒙软件,如图 1-1 所示。

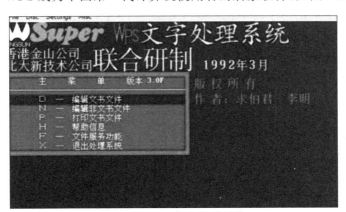

图 1-1　WPS 文字处理系统

　　1993 年,为了迎接 Word 的挑战,金山公司开发出了类似于 Office 套件的"盘古"组件,包括金山皓月、文字处理、双城电子表、金山英汉双向词典、名片管理、事务管理。但是,这个产品不仅没有赢得市场,而且丢掉了在 DOS 操作系统中的领先优势。

1994年，WPS用户超过千万，占领了中文文字处理市场90％的份额。同年，微软公司的Windows系统在中国悄然兴起。金山公司与微软公司达成协议，双方可以通过设置互相读取对方的文件，也就是这一协议，成为了WPS由盛到衰的转折点。合作协议中的Microsoft Office Word和WPS可以在文件格式方面互通，意味着使用Microsoft Office Word的用户可以打开WPS文档，而WPS的用户也可以打开Microsoft Office Word文档。这看似有利于用户体验且达成共赢的合作需求很快就得到金山WPS方面的同意，但没有想到的是，随着这项合作的展开，Microsoft Office Word伴随Windows系统的普及在中国迅速打开市场，又由于Microsoft Office Word和WPS文档之间已经没有了壁垒，使很多用户逐渐习惯了Microsoft Office Word，于是Microsoft Office逐渐占据了中国大量的市场，WPS的发展进入了历史最低点。

1997年，WPS 97正式发布。这是第一个在Windows平台上运行的中国土生土长的文字处理软件。"盘古"的失利使金山公司进入了发展的低谷，一些员工也陆续离职，WPS 97一度仅有4名程序员在坚持开发。在没有任何资料可供参考的情况下，金山公司终于摸索出了WPS 97。WPS 97是一套运行在Windows 3.x、Windows 95环境下的中文字处理软件，在保留原有文字编辑方式的同时，支持"所见即所得"的文字处理方式。

1998年8月，联想公司注资金山，使WPS开始了新的腾飞。1999年3月22日，金山公司隆重发布的WPS 2000中集成了文字办公、电子表格、多媒体演示制作和图像处理等多种功能。从此，WPS走出了文字处理软件的单一定位。

2001年，WPS 2000获国家科技进步二等奖（当年一等奖空缺），同时金山公司的中文繁体版一经推出就大受欢迎，迅速打开了东南亚等华语地区的市场。

2001年5月，WPS正式采取国际办公软件通用定名方式，更名为WPS Office。在产品功能上，从单模块的文字处理软件升级为以文字处理、电子表格、演示制作、电子邮件和网页制作等一系列产品为核心的多模块组件式产品。在用户需求方面，WPS Office细分为多个版本，其中包括WPS Office专业版、WPS Office教师版和WPS Office学生版，力图在多个细分市场全面出击。同时为了满足少数民族的办公需求，还推出了WPS Office蒙文版。

2002年，金山发出了"先继承、后创新，决胜互联之巅"的铮铮誓言，踏上了WPS的二次创业征途。百名研发精英彻底放弃14年技术积累，新建产品内核，重写数十万行代码，开始了长达3年的卧薪尝胆，终于研发出了拥有完全自主知识产权的WPS Office 2005。

2005年9月12日，新版的WPS上线，并宣布向个人永久免费。历时3年，这款体现中华民族自强不息精神的软件又一次横空出世。这是WPS的第一次妥协，它与旧版WPS的关系可能只限于延续了同样的名称。这个版本的WPS没有使用一行老WPS的代码，全部推倒重来，全面采用微软Office标准，目标是能达到"一字不差、一行不差、一页不差"的兼容效果。软件界面和功能上一模一样，技术上还实现了超越。

2006年3月，在《电脑报》发布的《2005—2006年度中国IT品牌调查》中，WPS Office以20.22％的市场份额继续成为国内市场占有份额最高的国产办公软件产品。2006年，WPS Office吹响了进军海外的号角。同年9月，WPS日文版（Kingsoft Office 2007）在日本东京发布。

2007年5月，WPS Office英文版在越南发布，开始进入英文市场。凭借优秀的产品品质，WPS Office在2007年再次获得国家科技进步二等奖。

2013年5月17日，WPS 2013正式发布。由于采用了更快、更稳定的V9引擎，使WPS

的启动速度提升 25%；由于采用了更方便、更省心的全新交互设计，使用户易用性大大增强；随意换肤的 WPS，4 套主题随心切换；协同工作更简单，PC 与 Android 设备无缝对接。

2014 年 3 月 25 日，WPS 6.0 for Android 正式发布，其中个人版永久免费。该版本具有以下优点：体积小、运行速度快；独有手机阅读模式，字体清晰翻页流畅；完美支持Microsoft Office、PDF 等 23 种文档格式；文档漫游功能；等等。

2016 年 9 月，WPS Office 2016 正式发布。与旧版相比，WPS Office 2016 加入了许多新的产品特性和功能，兼顾了个人用户和行业用户的日常需求，试图从产品到服务大幅提升办公软件的用户体验。

截至 2019 年，WPS 的市场份额虽然有所回升，但是和 Microsoft Office 仍然有一定差距，金山公司也在积极地研发自己的办公软件生态系统，从使用情况上看，WPS 轻便快捷，开启了新手友好模式。在时代发展的今天，作为新一代实践者和创造者的中国人都应该为国产软件的兴起献出自己的力量。

2019 年 7 月，金山公司在北京奥林匹克塔召开了主题为"简单·创造·不简单"的云·AI 未来办公大会，正式发布了 WPS Office 2019、WPS 文档以及 WPS Office for Mac 这 3款新软件，帮助用户提升办公效率。WPS Office 2019 将文字、表格、PDF、思维导图等内容合而为一。此次推出的 WPS 文档操作入口多元化，可实现多人实时讨论、共同编辑、分享，做到云端协作 Office 与传统 Office 无缝衔接。

2020 年 12 月，教育部考试中心宣布，将 WPS Office 作为全国计算机等级考试（NCRE）的二级考试科目之一，并于 2021 年在全国实施。

如今，图文办公软件仍是金山公司和微软公司两家独大，其中 MS Office 面世要追溯到1993 年，进入中国市场则是 1997 年。作为 MS Office 的竞争对手，WPS 诞生于 1988 年。当时是 DOS 时代，早于 MS Office 的发行时间。二者从技术角度上是相互独立的，这是因为底层采用的技术不一样。在金山公司与微软公司在 1994 年签订文档互读协议后，WPS 便逐渐被边缘化，市场一度被 MS Office 独占。随着近年来 WPS 的重新崛起，图文办公软件的市场格局也在发生变化。在云计算时代，WPS 协作办公软件具备极高的优势，基于云计算技术的在线协作，符合信息时代的沟通需求。随着 AI、5G 等新兴技术的兴起，协作办公正在快速崛起，基于云计算的在线视频沟通、文档协作正在快速发展。此外，移动端也是一个重要的市场，随着通信能力的提升，移动端承载了越来越多的信息处理能力，办公软件移动化已是重要趋势。5G时代，在人们畅想的云计算、云办公等场景中，国产软件还有很长的路要走。

📖提示：WPS 作为计算机等级考试的科目，分别出现在一级和二级科目中，名称分别是"计算机基础及 WPS Office 应用"和"WPS Office 高级应用与设计"。"信创"的全称是"信息技术应用创新产业"，是当前我国的一项重要国家战略，也是当今形势下国家经济发展的新动能。信创产业的本质是发展国产信息产业，旨在实现"自主可控、安全可靠"的发展目标。信创产业是数字经济、信息安全发展的基础，也是"新基建"的重要内容，其核心在于通过行业应用拉动构建国产化信息技术软硬件底层架构体系和全周期生态体系，解决核心技术关键环节"卡脖子"问题。随着信创产业的崛起和不断发展，国产软件的崛起势不可挡。信创产业的乘风加速，为国产软件带来发展良机。

WPS Office 2019 全能版是金山发布的一款办公软件，可一站式融合办公，满足日常办公所有文档服务需求，可将文字、表格、PDF、脑图等内容合而为一，可通过一次单向操作用一个账号编辑所有文档、PPT的内容，具有特点如下。

1. 组件整合

WPS Office 2019 整合了 WPS 文字、WPS 演示、WPS 表格、WPS PDF 等组件，可满足日常办公的全部文档编辑需求。

2. 云协作支持

只需一个 WPS 账号，创作者就可以实现多终端、跨平台的无缝对接，不但能实现所有数据的全平台同步，还能轻松与同事朋友协同办公，文档更可以通过微信、QQ 等社交平台一键分享，让工作和生活更简单。

3. 全面支持 PDF

提供沉浸式的 PDF 阅读体验以及稳定、可靠的 PDF 编辑服务，可一键编辑，快速修改 PDF 文档内容。凭借不断优化的 OCR 技术，WPS PDF 能够精准转换文档、表格、PPT、图片等格式的文件，让阅读编辑更便捷。

4. 标签可拖曳成窗

在 WPS Office 2019 Windows 版中，拖曳文档标签即可将文档独立显示在一个窗口中，向另一窗口拖曳即可合并。与传统的文档只能选择全部独立显示或全部统一在一个窗口显示不同，WPS 给了用户更大的自主选择权，让办公管理更高效。

5. 全新的视觉和个性化的 WPS

为避免页面千篇一律，在 WPS Office 2019 Windows 版中，可进行桌面背景、界面字体、皮肤、格式图标等个性化设置。

6. 工作区

使用 WPS Office 2019 Windows 版时，可将打开的文件放置在不同的工作区，以便分类浏览与管理。在不同的工作区之间可以快速地切换。

7. 高效应用

集成了输出转换、文档助手、安全备份、分享协作、资源中心、便捷工具等多种实用功能，建成丰富的"应用中心"，满足大家多方面的办公需求。

1.2　WPS Office 的融合办公界面

WPS Office 的首页体现了一站式融合办公的理念，是功能强大的工作起始页。用户可以在首页完成各项工作，例如新建、访问最近使用过的文件，查看使用日志以及 WPS 相关应用。首页主要分为 6 个主要的区域，如图 1-2 所示。

这 6 部分的功能如下。

（1）导航栏：帮助用户快速新建和打开文件，管理文档和日程安排。

（2）搜索框：帮助用户在云端和本地搜索文档、模板、应用或者技巧。

（3）设置区：提供服务中心、皮肤设置、全局设置、用户的登录、用户的退出、个人头像设置等服务。

（4）应用栏：提供常用的扩展办公工具和服务入口。

（5）文档列表：帮助用户快速访问和管理文档。

（6）信息区：显示所选文档的相关信息。

导航栏　　　　　　　　　搜索框　　　　　　　　　设置区

应用栏　　　　　　　　　文档列表　　　　　　　　休息区

图 1-2　WPS Office 的首页

1. 导航栏

导航栏用于新建、打开和切换首页中的文档、日历视图。

（1）新建：用于新建一个标签并显示新建界面。用户可在其中选择要新建的项目。

（2）打开：用于调用"打开文件"对话框。

（3）文档：默认处于激活状态，在首页中部显示文档列表。

（4）日历：单击后，首页中部切换到日历视图。

2. 搜索框

搜索框支持"云文档""此电脑""模板""文库""应用""技巧""全文检索"功能，可直接打开 WPS 云文档分享的网址链接，如图 1-3 所示。

图 1-3　搜索框

3. 设置区

设置区中有"意见反馈""稻壳皮肤""全局设置""查看在线设备""账号"按钮。

（1）意见反馈：用于打开 WPS 的服务中心，帮助查找和解决使用中遇到的问题，反馈用户的意见。

（2）稻壳皮肤：用于打开"皮肤中心"，可进行皮肤、图标以及自定义外观的设置。

（3）全局设置：通过其下拉菜单中可进行进入设置、皮肤中心、配置和修复工具、新功能介绍以及查看 WPS 版本号等。

（4）查看在线设备：用于查看本账号的在线设备情况。

（5）账号：未登录账号时，单击后会打开 WPS 的账号登录功能。登录后，会显示用户的名称、头像以及用户的会员状态，单击后可打开个人中心进行账号设置。

4. 应用栏

应用栏为用户提供常用的应用服务以及应用中心的链接，应用中心提供了更多种办公软件服务，帮助用户更高效地完成其他任务，例如"文档助手"功能如图 1-4 所示。

图 1-4　文档助手

在"应用中心"窗口中选中某个应用并单击其上方的星形标记，即可将该应用添加到首页左侧的应用栏中，再次单击即可从应用栏中移除。

5. 文档列表

首页的文档列表区域提供了多个文档访问入口。文档列表的基本操作比 Windows 系统的资源管理器增加了更多的辅助功能。文档列表区分为两大区域：文件导航栏和文件列表视图。

文件导航栏包括"最近""星标""我的云文档""共享""常用"等功能，文件列表视图展示导航分类下对应的文件列表。用户可以在列表视图中进行各类常规的文档操作。

6. 信息区

信息区提供一些办公应用中相关的技巧和咨询。当选中文件列表视图中的文档后，在界面右侧区域将显示文件信息。用户可通过该区域快速了解文件的名称、存储路径、大小等基本属性，也可以发起协作、分享和移动等操作。

第二篇

电子文档

PDF(portable document format,可携带文档格式)是一种与多种应用程序、操作系统、硬件的文件格式。PDF 文件基于 PostScript 语言,可保证打印机的打印效果,忠实地再现字符、颜色以及图像。PDF 文件格式的设计初衷是支持跨平台的多媒体集成信息出版和发布,因此十分适合网络信息的发布,具有许多优点。PDF 文件格式将文字、字形、格式、颜色及独立于设备和分辨率的图形图像等信息封装在一个文件中,可以包含超文本链接、声音和动态影像等电子信息,支持特长文件,集成度和安全可靠性都较高。PDF 文件广泛应用于内部资料存档和公文外发,具有很高的安全性,能进行文档保护。

在日常学习和工作中,利用文字处理软件对电子文档进行创建、编辑、排版等操作已经成为人们的必备技能之一。

WPS Office 电子文档(以下简称为电子文档)是金山公司开发的办公自动化软件 WPS Office 2019 的电子文档编辑组件,其主要功能是可以方便地进行通知、报告、申请、书稿、信函等多种文档的文字处理和版式编排,具有简单易学、界面友好、智能化程度高、与其他应用软件交换数据方便的特点。

与之前版本相比,WPS Office 2019 支持多人协作编辑在线文档、大容量云存储空间、文档集中存储、多设备同步,可将文档一键分享给他人,使分享更方便。

本部分主要介绍的内容如下。

- 用 WPS 创建和打开 PDF 文件。
- PDF 文件的阅读和批注。
- PDF 文件的编辑和保护。
- PDF 文件的格式转换和输出。
- 电子文档基础知识介绍。
- 电子文档的基本使用操作。
- 文字的编辑、文字的格式化、段落的格式化。
- 表格的制作和排版。
- 对象的插入及编辑。
- 电子文档的综合编辑。
- 电子文档的审阅与修订。
- 利用邮件合并处理文档。

第2章 WPS PDF 基础

2.1 创建和打开 PDF 文件

1. 创建 PDF 文件

在 WPS 首页的导航栏中单击"新建"按钮,弹出"新建"页面,选中左侧的"新建 PDF"选项,右侧弹出新建 PDF 文件的 5 种方式,分别为空白 PDF、从图片创建、从 CAD 文件新建、从文件新建、从扫描仪新建,如图 2-1 所示。

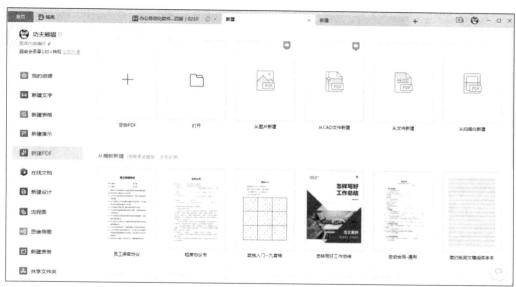

图 2-1　新建 PDF 文件

（1）空白 PDF。单击此按钮,会创建默认页面尺寸为 A4 的空白 PDF 文件。用户可在此空白文件上添加文字、图片、批注等内容。编辑完毕后,单击"保存"按钮或者使用按 Ctrl＋S组合键,将新建的 PDF 文件保存。

（2）从图片创建。单击此按钮,会弹出"图片转 PDF"对话框,在对话框中间的图片操作区域中,可以单击添加图片,本模式支持 PNG、JPG、JPEG、BMP、GIF、TIFF、TIF 等图片格式。可以同时添加一张或者多张图片,然后选中"合并输出"或"逐个输出",设定页面排版以及水印设置,最后单击"开始转换"按钮。

（3）从 CAD 文件新建。单击此按钮,弹出"CAD 转 PDF"对话框,然后选择或者拖曳 CAD 文件,将其转换。

（4）从文件新建。WPS 自带把 Office 文件转换为 PDF 文件的功能。单击此按钮,会弹出"打开文件"对话框,在其中可以选择 Word、Excel、PowerPoint 格式的文件,如图 2-2 所示。从不同文件新建的 PDF 文件与各自的源文件格式相差不大,但是 PDF 文件具有一致性,可以在排版时避免格式出错。

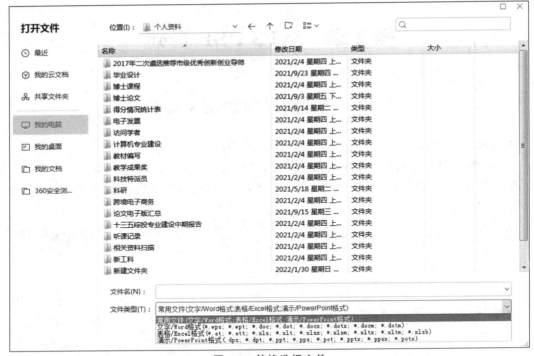

图 2-2　转换选择文件

（5）从扫描仪新建。单击此按钮,会弹出"扫描设置"对话框,在进行扫描仪的相关设置后,可从扫描仪新建 PDF 文件,页面内容只包含从扫描仪得到的图片内容。

2. 打开 PDF 文件

WPS 打开 PDF 文件的方式有 3 种:通过 WPS 首页的"打开"按钮,双击 WPS 首页文档列表窗口中的文件,在"新建"窗口中单击"打开"按钮。

（1）通过单击 WPS 首页的"打开"按钮打开 PDF 文件。具体步骤如下。

① 单击"打开"按钮,弹出"打开文件"对话框。

② 在"打开文件"对话框中,找到文件所在目录并选中要打开的文件。

③ 单击"打开"按钮,打开 PDF 文件。

（2）双击 WPS 首页文档列表窗口中的文件。

① 单击首页"常用"区域,选择需要打开 PDF 文件所在的目录。

② 在右侧列表区,选中要打开的文件。

③ 双击该文件即可打开。

（3）在"新建"窗口中单击"打开"按钮。

① 单击首页"导航栏"中的"新建"按钮。

② 在弹出的"新建"窗口中单击左侧的"新建 PDF"按钮。

③ 单击右侧页面上方的"打开"按钮,弹出"打开文件"对话框。

④ 在"打开文件"对话框中,找到文件所在目录并选中要打开的文件。

2.2 编辑 PDF 文件

对 PDF 文件的编辑主要是页面编辑。

1. 文件的拆分和合并

PDF 文件的拆分是指将 PDF 文件中指定的页面提取出来，生成多个 PDF 文件，拆分方式包括逐页拆分和选择页面范围拆分两种。

（1）逐页拆分。逐页拆分是指将文件按照固定页数间隔进行拆分，拆分步骤如下。

① 选中"页面"选项卡，单击"拆分文档"按钮，弹出"金山 PDF 转换"对话框，如图 2-3 所示。

图 2-3　拆分页面

② 在输入框内输入需要的拆分方式、间隔和输出目录。

③ 单击"开始拆分"按钮，完成文件拆分。

（2）选择页面拆分。选择页面拆分是指将文件按照选择的页面拆分成多个 PDF 文件，操作步骤与逐页拆分基本相同，唯一不同的是在设置"拆分方式"时，从下拉列表中选中"选择范围"。输入页面范围后，拆分规则是按逗号分隔，逐个拆分，例如输入"3,4-8,11"，表示的意思是将第 3 页、第 4～8 页、第 12 页分别生成 PDF 文件，如图 2-4 所示。

图 2-4　选择拆分的页面

（3）文件的合并。

① PDF 文件的合并是指将多份 PDF 文件合并成一个文件。操作步骤如下。

② 在"页面"选项卡中单击"合并文档"按钮,弹出"金山 PDF 转换"对话框。

③ 单击"添加文件"按钮,将需要合并的文件全部添加。

④ 设置需要合并的页面范围、合并后的文件名称以及存储路径。

⑤ 单击"开始合并"按钮,进行合并操作。

2. 增删页面

（1）插入页面。WPS 支持在文件的任何位置插入页面,插入的页面可以是空白页面,也可以是其他文件中的页面,插入空白页面的步骤如下。

① 选中"页面"选项卡,单击"插入页面"按钮。

② 在下拉列表中选中"空白页",弹出"插入空白页"对话框,如图 2-5 所示。

图 2-5　插入空白页

③ 在"插入空白页"对话框内设置、页面大小、插入方向、插入数量以及插入位置。

④ 单击"确定"按钮,插入完毕。

插入其他文件中的页面的步骤如下。

① 选中"页面"选项卡,单击"插入页面"按钮。

② 在下拉列表中选中"从文件选择",在弹出的"选择文件"对话框中选择要插入的文件。

③ 在弹出的"插入页面"对话框中,选择文件并设置插入的页面范围和插入位置等,如图 2-6 所示。

④ 单击"确定"按钮,完成操作。

图 2-6　插入页面

（2）删除页面。删除页面的操作步骤如下。

① 选中"页面"选项卡，单击"删除页面"按钮。

② 在弹出的"删除页面"对话框中，设置要删除的页面，如图 2-7 所示。

图 2-7　删除页面

③ 单击"确定"按钮，完成删除操作。

（3）替换页面。WPS 提供了替换页面的功能，被替换的页面可以是单页或者连续的多个页面，操作步骤如下。

① 选中"页面"选项卡，单击"替换页面"按钮。

② 在弹出的"选择来源文件"对话框中，选择要替换页面所在的文件，单击"打开文件"按钮。

③ 在弹出的"替换页面"对话框中设置被替换的页面和用来替换的页面，如图 2-8 所示。

图 2-8　替换页面

④ 单击"确认替换"按钮,完成页面替换。

此功能为会员功能,如图 2-8 所示。

(4)提取页面。提取页面是指从当前打开的 PDF 文件中提取某些部分生成新的 PDF 文件,操作步骤如下。

① 选中"页面"选项卡,单击"提取页面"按钮。

② 在弹出的"提取页面"对话框中,设置提取模式、页面范围、添加水印、文件命名以及输出位置,如图 2-9 所示。

图 2-9　提取页面

③ 单击"提取页面"按钮,完成页面提取操作。

提取页面的模式包括将所选页面提取为一个 PDF 文件、将每个页面提取为一个文件以及按一级书签提取 3 种。如果选中"提取后删除所选页面"复选框,则源文件中被提取的页面会在提取页面后删除。

2.3　安　全　保　护

为了对文件进行有效的保护,WPS 设定了标准的加密规范,支持设置文件的打开密码和操作权限密码。打开密码是指必须输入正确的密码才能打开并阅读文件;文件操作权限密码是指在阅读过程中,没有密码就不能对文件进行相应的编辑及页面提取操作。

1. 密码设置

PDF 文件的打开密码和操作密码的设置在同一个对话框完成,具体操作步骤如下。

(1)选中"保护"选项卡,单击"文档加密"按钮。

(2)在弹出的"加密"对话框中,如果设定文件打开密码,则选中"设置打开密码"选项,并输入两次 6～128 位密码。注意,在输入时应区分大小写字母。

(3)如果设定文件的编辑及页面密码,则选中"设置编辑及页面提取密码"选项,然后输入两次 6～128 位的密码。

(4)此外,还可以设定"打印""复制""注释""插入和删除页""填写表单和注释"的密码,如图 2-10 所示。

图 2-10　文档加密

(5)上述密码可以同时设定,设定完毕后单击"确认"按钮,完成密码设定。

虽然可对 PDF 文件的内容和页面进行编辑,但是不如电子文档、电子表格以及演示文稿等文件的功能强大,因此 WPS 提供了将 PDF 文件转换为其他格式文件,以及将其他格式文件转换为 PDF 文件的功能。

2. PDF 转电子文档格式

WPS 支持将 PDF 文件转换为 docx、doc、rtf 3 种格式,具体操作步骤如下。

(1)选中"转换"选项卡,单击"PDF 转 Word"按钮。

(2)在弹出的"金山 PDF 转换"对话框中,进行"输出范围""转换模式""输出目录"等设置,如图 2-11 所示。

(3)单击"开始转换"按钮,完成格式转换操作。

1)PDF 转电子表格格式

PDF 转电子表格是指将 PDF 文件转换为 xlsx 格式的文件,操作步骤如下。

(1)选中"转换"选项卡,单击"PDF 转 Excel"按钮。

(2)在弹出的"金山 PDF 转换"对话框中,设置"转换范围""输出目录""输出格式""合并方式"。

图 2-11　格式转换

（3）单击"开始转换"按钮，完成格式转换操作。

合并方式有两种：多页合并成一个工作表、每页转换成一个工作表。默认是每页转换成一个工作表，如图 2-12 所示。

图 2-12　选择合并方式

2）PDF 转演示文稿格式

PDF 转演示文稿是指将 PDF 文件转换为 pptx 格式的文件，操作步骤如下。

（1）选中"转换"选项卡，单击"PDF 转 PPT"按钮。

（2）在弹出的"金山 PDF 转换"对话框中，设置"转换范围""输出目录""输出格式"。

（3）单击"开始转换"按钮，完成格式转换操作。

3）PDF 转图片

PDF 文件转图片支持的文件格式包括 JPG、BMP、PNG、TIF 4 种，同时支持输出文件分辨率的设置，操作步骤如下。

（1）选中"转换"选项卡，单击"PDF 转图片"按钮。

（2）在弹出的"输出为图片"对话框中，设置"输出方式""水印设置""输出页数""输出格式""输出尺寸""输出颜色""输出目录"，如图 2-13 所示。

（3）单击"输出"按钮，完成格式转换操作。

输出方式支持逐页输出和合成长图两种：逐页输出也就是每一个页面生成一张图片，合成长图就是将所有页面合并成一张长图。默认是逐页输出。

此外，WPS 还支持 PDF 文件向纯图片、TXT 文件、CAD 文件的转换，转换步骤与上述转换基本相似，在此不再赘述。

图 2-13　设置合并方式

　　在 PDF 转纯图 PDF 时,需要清楚 PDF 文件与纯图 PDF 文件的区别,PDF 文件是可编辑的文档,可以进行内容的编辑,而纯图 PDF 文件内容为图片形式,其内容是不可编辑的;PDF 转换支持的文件格式包括 dwg、dxf、dwt 3 种。

　　📖**提示**:PDF 文件格式的优点显著,广泛应用于文档,主要特点如下:将文字、字形、格式、颜色及独立于设备和分辨率的图形图像等封装在一个文件中;可以包含超链接、声音和动态影像等电子信息,支持特长文件,集成度和安全可靠性都较高;对普通读者而言,用 PDF 制作的电子书具有纸版书的质感和阅读效果,可以逼真地展现原书的原貌。

第3章 WPS文字基础

3.1 WPS文字的操作界面

在进行文字处理工作之前,首先需要熟悉WPS文字的操作界面。工作窗口由标题区、功能区、导航窗格、文档编辑区、任务窗格和状态栏组成,如图3-1所示。

图 3-1 电子文档工作窗口

下面介绍一下电子文档窗口各区域的主要功能。

1. 功能区

功能区位于整个窗口的最顶部,包括"文件"菜单、快速访问工具栏、选项卡、搜索框、协作状态区等,其中包含了各类功能。

(1)"文件"菜单包含了所有文件相关的基本命令,除了"新建""保存""打印"等选项外,还整合了最近使用的项目列表,方便用户打开最近使用过的电子文档。

(2)快速访问工具栏包含了最常用的选项,帮助用户快速定位"保存""输出为PDF""打印""打印预览""撤销"和"恢复"功能按钮。

(3)选项卡是WPS为不同的应用场景划分的不同功能按钮区的统称,选择不同的选项卡,下面的功能区也会切换到对应的功能界面。

(4)搜索框用于搜索关键字。

(5)协作状态区主要是服务于云同步和多人协作,主要包括协作成员区、文档状态区和协作入口区。

2．文档编辑区

文档编辑区位于整个界面的中间位置,是进行文档内容编辑和展示的区域。

3．导航窗格

导航窗格位于整个窗口的左侧,用于帮助用户浏览文档或者快速定位特定文档的内容。详细功能将在后续章节介绍。

4．任务窗格

任务窗格位于整个窗口的右侧,多种任务窗格的使用后面会在后续章节详细介绍。

5．状态栏

状态栏的主要功能是展示文档状态信息以及视图控制功能,主要包括状态信息区、视图切换按钮和缩放比例控制区等。

6．标题栏

标题栏位于窗口最上方,用于显示当前编辑的文档名称、文件格式兼容模式。标题栏的右侧是用户中心入口、"最小化"按钮、"还原"按钮和"关闭"按钮。

3.2 文档的创建与保存

1．新建空白文档

WPS 电子文档的创建非常简单。启动 WPS 2019,在首页单击"导航栏"中的"新建"按钮,在弹出的"新建"窗口内选中"新建文字"选项,右侧会弹出新建电子文档的基本形态以及新建空白文字、新建在线文字、求职简历、入职管理等模板,如图 3-2 所示。

图 3-2 新建文字

在窗口右侧单击"新建空白文字",会自动创建一个名为"文字文稿 1"的电子文档。不是每创建一个新文档都需要启动一次 WPS。其他新建电子文档的方法如下。

方法 1：在打开的电子文档窗口中从"文件"菜单中选中"新建"|"新建"选项,如图 3-3 所示。

方法 2：打开一个电子文档,按 Ctrl＋N 组合键,可生成一个新文档,默认名称为"电子文稿 2"。

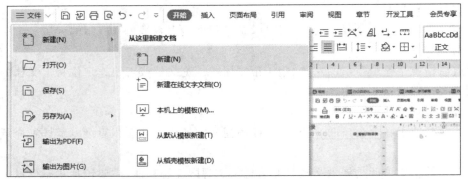

图 3-3　新建文档窗口

方法 3：打开一个电子文档，单击标签栏内的"＋"按钮，选择左侧的"文字"组件，单击"新建空白文档"按钮，可以快速新建一个电子文档。

2. 利用模板创建新文档

利用模板创建文档可以高效、快速地创建美观、标准、专业的各类文档。操作流程如下。

（1）选中"文件"菜单，在"导航栏"中单击"新建"按钮，在弹出的新建窗口内选中"新建文字"选项。

（2）从右侧列表页内呈现的"求职简历""开学季""入职管理"等标准的文档模板中选择要建立的类型，双击后即可建立新文档。除此之外，WPS 还提供了"求职简历""教育""教学工具""供应链""人资行政""平面设计"等几大类的文档模板，每个大类分别包含若干种具体的小类文档模板，供用户快速便捷地完成文档编辑。

注意，WPS 提供的文档模板中有很多是会员才可以使用的，如图 3-4 所示。

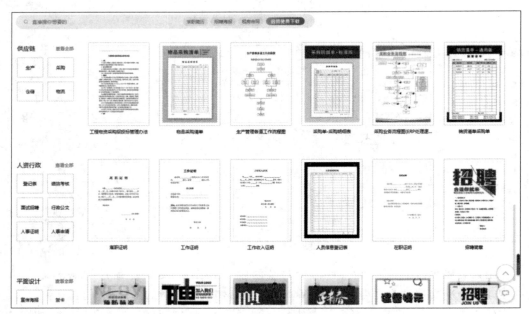

图 3-4　新建文档模板

3. 打开文档

打开文档是最基本的操作之一,任何文档都必须在打开后才能进行编辑、修改等其他操作。WPS 提供了多种打开文档的方法。

方法 1:在首页的"导航栏"中选中"打开"菜单项,在弹出的"打开文件"对话框中选中想要打开的文档,单击"打开"按钮或直接双击所要打开的文档。

方法 2:在文档操作界面的"文件"菜单中选中"打开"菜单项,选择需要的文件打开。

方法 3:在文档操作环境中,按 Ctrl+O 组合键,在弹出的"打开"对话框中选中相应的文件,单击"打开"按钮。

4. 文档的保存和安全

(1)保存文档。在文档输入和编辑完成后应及时保存文档。为了防止操作过程中因断电、死机等意外而丢失文档,所以在编辑过程中进行保存同样重要。WPS 提供了几种保存方法。

方法 1:在"文件"菜单中选中"保存"菜单项,在弹出的"另存为"对话框中设置保存的路径、名称和格式,单击"保存"按钮。

方法 2:在快速访问工具栏中单击"保存"按钮,对文件进行保存。

方法 3:在文档编辑环境中,按 Ctrl+S 组合键,对文件进行保存。

(2)设置密码。为了保护个人隐私,建立文档时可以设置密码。开启密码设置打开权限,修改密码设置修改权限。设置密码时,一定要自己首先记住密码。要取消密码保护,只需将对应文本框中的密码删除即可。设置密码有 3 种方法。

方法 1:在"文件"菜单中选中"文档加密"|"密码加密"菜单项,在弹出的"加密文档"对话框中设置打开文件密码和编辑文档密码,如图 3-5 所示。

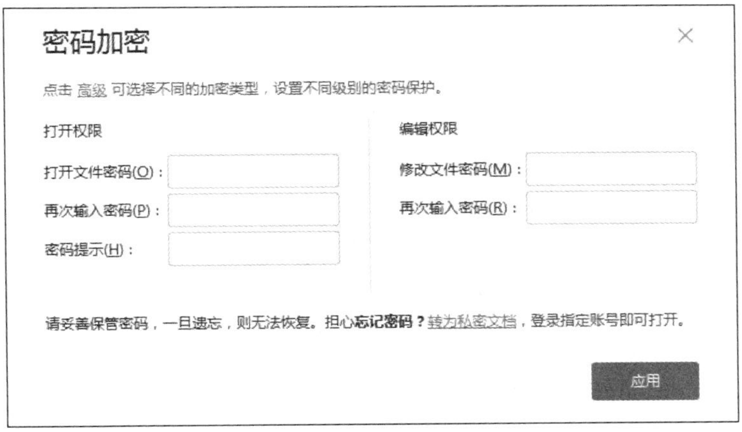

图 3-5　密码加密

方法 2:单击"文件"菜单中的"选项"按钮,在弹出的"选项"对话框中选中"安全性"选项,在右侧的"密码保护"栏中,设置打开文件密码和编辑文件密码,如图 3-6 所示。

案例 3.1　创建一个名为"信息安全"的文档。创建一篇文档,输入如图 3-7 所示内容,以"信息安全"为文件名将文件保存到"C:\文档"文件夹中,并为其设置文件打开密码"1234",提示信息为"哆来咪发"。要求完成如下任务。

任务 1:新建一个 WPS 文档,文件名称为"信息安全.docx"。

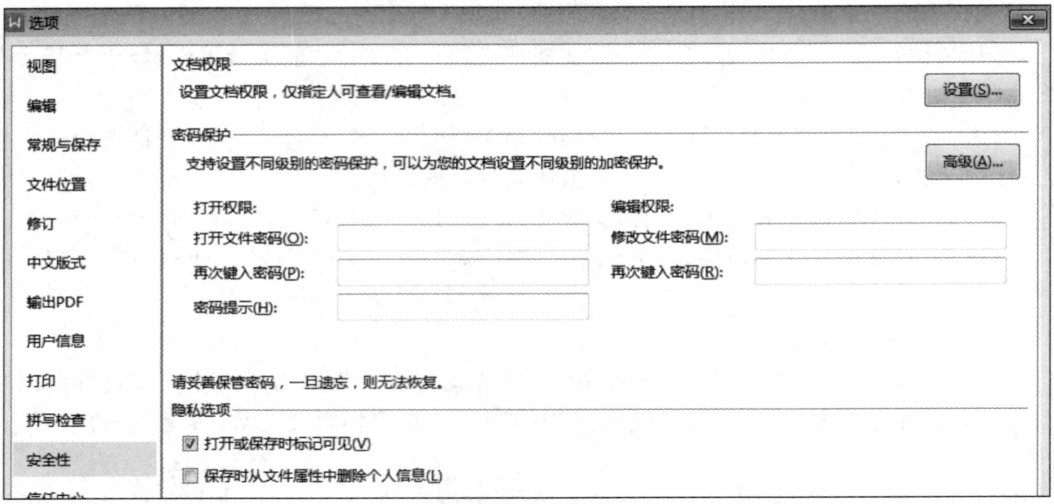

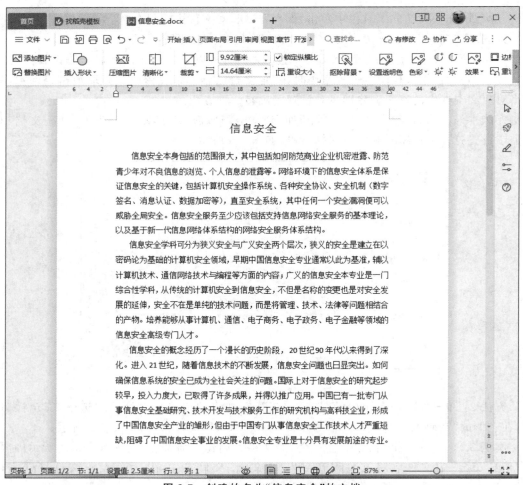

图 3-6 选项安全性加密

图 3-7 创建的名为"信息安全"的文档

任务 2：文件保存路径为"C:\文档"，文件打开设置密码为"1234"。

案例实现方法如下。

任务 1 实现方法。

① 打开 WPS，在首页导航栏中单击"新建"按钮，在弹出的"新建"页面选中"新建文字"，双击右侧"空白新建文字"，在打开的文档编辑区中输入如图 3-7 所示文本内容。

② 文本输入结束后，在快速访问工具栏中单击"保存"按钮，在弹出的"另存文件"对话框中选择文件位置，在"文件名"栏输入"信息安全"，如图 3-8 所示。

图 3-8 "另存为"对话框

任务 2 实现方法。

① 在弹出的"另存文件"对话框内，单击位于底端的"加密"按钮，在打开的"密码加密"对话框中设定"打开文件密码"及"再次键入密码"，"密码提示"输入"哆来咪发"，单击"保存"按钮。

② 关闭文件后，重新打开文件会弹出"文档已加密"对话框，如图 3-9 所示。输入密码错误两次后，系统进行密码提示，输入正确密码，文件正常打开。

提示：信息安全已逐步走入人们的视野，信息安全是指国家、企业、个人的信息空间、信息载体及信息资源不受来自内外的各种形式的危害，在国家发展、人民生活中占据着重要地位。信息安全是国家安全的基础，也是个人安全不可忽视的重要方面，作为当代大学生，要树立正确的安全观，提升信息安全意识和素养，从自我做起做好信息安全工作。

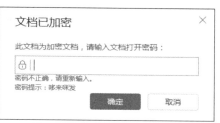

图 3-9 "文档已加密"对话框

3.3 文档的简单编辑

3.3.1 文本内容输入

电子文档可输入的文本内容包括中文、英文、标点符号和特殊符号等,同时在输入时还可以控制输入字符的全角和半角。

1. 输入法

在进行文档输入时经常需要中英文输入法的切换,最简单的切换方式就是使用快捷键,按 Ctrl+空格组合键,可在中英文输入法之间切换;按 Ctrl+Shift 组合键可在系统所有的输入法之间循环切换;按 Shift+空格组合键可进行字符全角和半角的切换。全角和半角的控制是指输入法控制按钮组中对全角还是半角的控制。如果处于全角状态,输入的字符、数字和符号所占的宽度和汉字宽度相同;反之,如果是半角状态,则对应的宽度是汉字的一半。例如 abc 和 abc,前者为半角,后者为全角。

2. 符号

在 WPS 文档中除了能输入汉字、英文和标点之外,还可以输入一些系统规定的符号,实现方法如下。

(1)用鼠标选择要插入的位置,在"插入"选项卡"符号"按钮的下拉菜单中选择要插入的符号;如果要插入的符号不能直接找到,可以单击两个组内的下拉箭头,选择更多的符号。

(2)如果要插入的符号不能直接找到,还可以单击"符号"按钮,在弹出的"符号"对话框中选择要插入的符号,然后单击"插入"按钮,如图 3-10 所示。

图 3-10 "符号"对话框

3.3.2 文字编辑

1. 选取文字

在进行文档编辑时,常常要对某个段落、某些句子等文档的某个部分进行操作,这时就必须先选取要进行操作的部分。被选取的文字以黑底白字的高亮形式在屏幕上显示,下面介绍几种常见的选取方法。

（1）连续内容的选取方法如表 3-1 所示。

表 3-1　文字选取方法

选 择 范 围	选 取 方 法
一个英文单词或汉语词汇	双击该单词或词汇
一行文字	单击该行第一文字左端
一段文字	双击该段左端
正篇文档	三击该篇文档的左端或按 Ctrl＋A 组合键
非规则文本块	先将光标移动到要选取的文本块的一端，按住 Shift 键，并在文本块的结尾处单击

　　提示：以上几种操作使用鼠标拖曳的方式都可以实现；使用键盘的方向键同样可以实现某段文档的选取，具体方法是按 Shift＋方向键，就可以实现在不同方向上的文档选取。

　　（2）非连续内容的选取方法。先将第一部分要选取的内容选中，再按住 Ctrl 键，用鼠标选中第二部分……依次选择其余部分，所有内容选择完毕后，松开 Ctrl 键完成操作。

　　提示：矩形文本块的选取，按住 Alt 键，再按住鼠标左键拖动，就会选取一块矩形文本，效果如图 3-11 所示。

2. 文本内容的移动、复制与删除

　　向文档输入文本时，若需要重复输入部分内容，可以使用复制与粘贴功能，节省输入文字的时间，提高工作效率。

　　（1）移动。移动是指将特定的内容放置到其他目标位置。实现方法如下。

　　方法 1：选中要移动的内容并右击，在弹出的快捷菜单中选中"剪切"选项或按 Ctrl＋X 组合键，将光标移动到目标位置并右击，在弹出的快捷菜单中选中"粘贴"选项或按 Ctrl＋V 组合键即可完成操作。

　　方法 2：选中要移动的内容，鼠标指向选中内容，按住左键，拖动要移动的内容到目标位置后松开即可完成操作。

　　（2）复制。复制是指将选中的数据内容复制后放到目标位置。实现方法如下。

　　① 选中要移动的内容并右击，在弹出的快捷菜单中选中"复制"选项或按 Ctrl＋C 组合键，将光标移动到目标位置并右击，在弹出的快捷菜单中选中"粘贴"选项或按 Ctrl＋V 组合键，即可完成操作。

　　② 选中要移动的内容，按住 Ctrl 键并将光标指向选中内容后，按住鼠标左键将其拖到目标位置，松开 Ctrl 键和鼠标左键，即可完成操作。

　　（3）删除。在编辑文档时，经常要删除一些文字。如果要删除一个字符，可将光标定位到要删除字符的前面，按 Delete 键，该字符即被删除，同时被删除字符后面的文字依次前移；也可以将光标定位在该文字后面，然后按 Backspace 键，同样可以删除。注意，Backspace 键称为退格键，不是删除键。如果要删除一段的内容，则先选取要删除部分的文字，然后按 Delete 键完成删除操作。

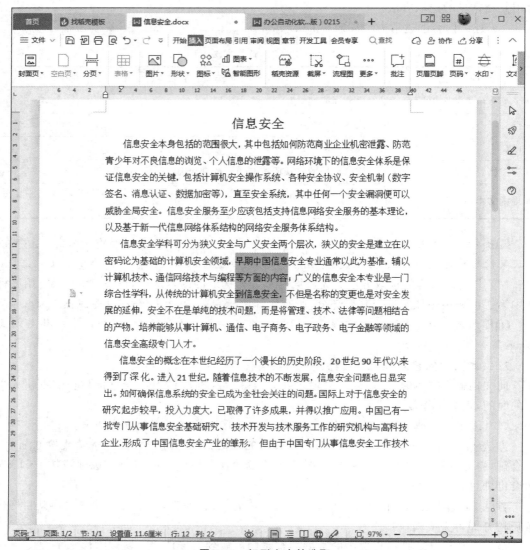

图 3-11　矩形文本的选取

3.3.3　查找与替换

1. 查找

利用查找功能可快速查找指定的内容。

在"开始"选项卡中单击"替换查找"按钮，弹出"查找和替换"对话框。在"查找内容"框内输入要查找的内容后，会自动查找出从光标位置开始首次查找到的结果，单击"查找下一处"按钮，可继续向下查找，如图 3-12 所示。

2. 替换

利用替换功能，可将指定的内容快速替换为想要的内容，"查找"和"替换"是位于同一个对话框的两个选项卡。

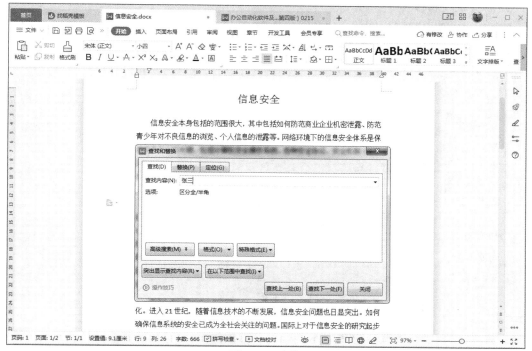

图 3-12 查找

电子文档的替换功能给用户带来了极大的方便,大大简化了操作。例如,如果发现了一个错别字,而且这个错别字在文章中出现多次。这个时候如果逐个修改,不但麻烦,而且不一定找全,利用替换功能就可以迅速全部进行纠正。

如图 3-13 所示,将文中的"张三"替换成"李四"有两种方式。

图 3-13 替换

(1)逐个替换。该方法是先单击"查找下一处"按钮,在找到后再决定是否替换,如果需要,则单击"替换"按钮。

(2)全部替换。该方法是单击"全部替换"按钮,可将文中所有的"张三"全部替换为"李四"。

3. 高级查找和替换

"替换"和"查找"选项卡中均有"高级搜索"按钮,这里重点介绍一下单击"替换"选项卡中"高级搜索"按钮后出现的多个选项,其中包含了对替换操作的设定,如图 3-14 所示。常用的选项如下。

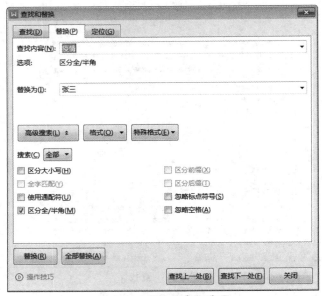

图 3-14　替换的高级选项

(1)"搜索"。用于选择搜索的方向。

(2)"区分大小写"。用于查找大小写完全匹配的文本。

(3)"全字匹配"。用于查找完整单词,而不是一部分。

(4)"使用通配符"。用于在查找内容中使用通配符。

(5)"区分全/半角"。用于查找全角、半角完全匹配的字符。

(6)"格式"。用于设置查找对象的排版格式,如字体、样式。

(7)"特殊字符"。用于设置查找特殊符号,如分栏符、分页符。

(8)"全部替换"。用于对整个文档进行替换。

通过"格式"和"特殊格式"按钮,可对特殊的内容进行替换和查找。例如,对某种文字或段落格式的查找或替换,对一些键盘无法输入的特殊字符的查找和替换,等等。

在进行排版时,有时需要将文中某些相同的文字设置成特定的格式,例如将所有"张三"设定为"红色 加粗"的格式,由于文中"张三"出现次数较多且分散,在进行排版时逐个设定比较烦琐,而格式替换可以迅速、准确地解决问题,方法如下:首先在"查找内容"和"替换为"中分别输入"张三",然后将光标置于"替换为"输入框内,然后单击对话框中的"更多"按钮,单击"格式"按钮菜单的"字体"选项,在弹出的"查找字体"对话框中设定"字形"为"加粗","字体颜色"为"红色",如图 3-14 所示,然后再进行替换。

📖提示:在使用格式替换时,注意设定文字的格式是"查找内容"还是"替换为",一定首先将光标置于对应的输入框再设定字体格式。

4. 撤销与恢复

在编辑文档时,常会出现错误的操作,例如在删除某些内容时,删除了一些不该删除的内容。此时,可以利用撤销操作恢复文本内容。可以通过单击快速工具栏的"撤销"按钮↶或按 Ctrl+Z 组合键恢复操作前的文本。系统会自动记录最近的一些操作情况,可以通过单击"撤销"按钮的下拉菜单选择要退回到的某次操作,或者按"恢复"键↷重新执行刚才取消的操作。

案例 1.2 创建名为"关于开展春季运动会的通知"的 WPS 文档并进行相关操作,要求如下任务。

任务 1:创建并保存文档"关于开展春季运动会的通知",输入如图 3-15 所示的内容。

任务 2:同时选择多处内容,采用非连续选择。

任务 3:查找并替换文中的内容,将文中所有"2020"替换为"2021"。

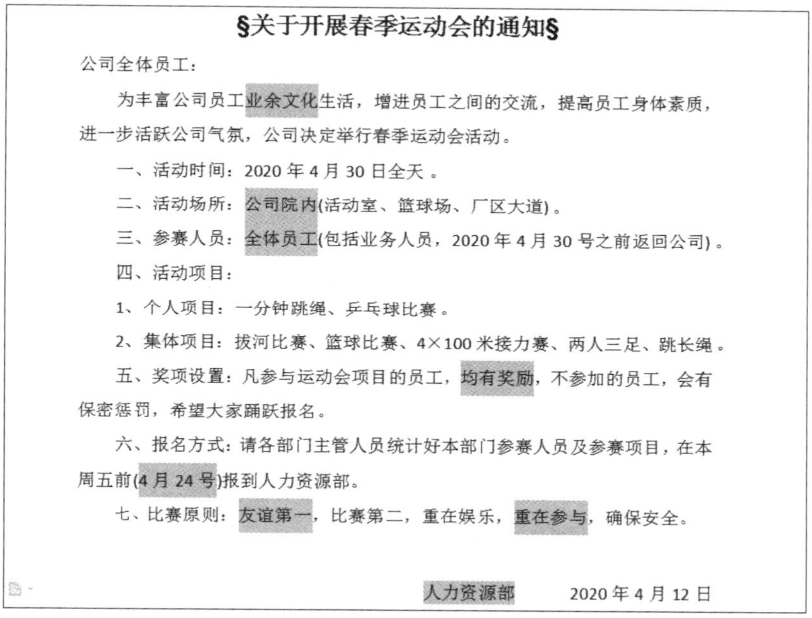

图 3-15 文档例图

案例实现方法如下。

任务 1 实现方法。

(1) 创建名为"关于开展春季运动会的通知.docx"的文档,录入汉字内容并保存。

(2) 将光标定位到插入的位置,在"插入"选项卡中单击"符号"按钮的下拉箭头,从下拉选项中选择符号"§"并插入文档。

任务 2 实现方法。

(1) 首先选中文字"业余文化",然后按住 Ctrl 键,用鼠标选中"公司院内"。

(2) 按住 Ctrl 键并依次选中"全体员工""均有奖励""4 月 24 号""友谊第一""重在参与""人力资源部"。

任务 3 实现方法。

(1) 在"开始"选项卡中单击"查找替换"按钮,在弹出的"查找和替换"对话框的"替换"

选项卡中将"查找内容"设置为"2020";"替换为"设置为"2021",如图 3-16 所示。

图 3-16　替换的内容

（2）单击"全部替换"按钮,将该文档中所有的"2020"全部替换为"2021",系统会弹出消息框,确认是否全部替换,单击"确定"按钮,完成替换操作,如图 3-17 所示。

图 3-17　替换提示

3.4　文档打印

电子文档可打印到纸上,打印的方法有两种。

方法 1：单击工具栏中的"打印"按钮,在弹出的"打印"对话框中可进行"打印范围""份数"等设置,单击"确定"按钮,完成打印操作,如图 3-18 所示。

若希望能在打印前看到文档打印后的效果,可以在打印之前进行打印预览,在预览状态下做一些文档格式的排版和调整后再打印。

方法 2：选中"文件"|"打印"|"打印预览"菜单选项,进行文档预览和设置。在预览窗口中单击"更多设置"按钮,在弹出的"打印"对话框中进行设置后即可打印。在"打印预览"窗口中可进行"纸张方向""页边距"等相关设置,如图 3-19 所示。

📖**相关知识**：举办运动会不仅能够增强体质和毅力,还有助于帮助运动者培养运动者的集体主义精神和团结协作能力。近些年,人们对于运动和健康的关系有了更深刻的理解,倡导运动、珍爱生命、重视健康是所有人的共识,也是中华民族优秀文化的重要组成部分。我国第一届全国运动会于 1959 年 9 月 13 日—10 月 3 日在北京举行。参赛的有各省、自治区、直辖市、中国人民解放军等 30 个单位 10658 人。比赛项目 36 项,表演项目 6 项。有 7 人 4 次打破世界纪录,664 人 884 次打破 106 项全国纪录。第一届全国运动会向建国 10 年来打破世界纪录和获得世界冠军的四十多名运动员颁发了体育荣誉奖章。

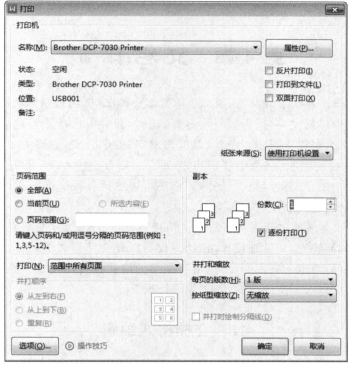

图 3-18　"打印"对话框

图 3-19　打印预览

第4章 文档排版

WPS文字的操作界面十分友好,提供了丰富多彩的工具,通过鼠标就可以完成选择、排版等操作,不但可以编辑文字、图形、图像、声音、动画,而且可以插入其他软件制作的内容。通过提供的绘图工具可以进行图形制作,编辑艺术字,数学公式,能够满足用户的各种文档处理要求。WPS文字提供了强大的制表功能,不仅可以自动制表,还可以手动制表,表格线可自动保护,表格中的数据可以自动计算,表格还可以进行各种修饰。在WPS文字中可以直接插入电子表格,轻松、美观、快捷、方便。

WPS文字可以方便地进行丰富多彩的文档排版,通过设置文字格式可以使文字的效果更加突出。懂得如何快速、巧妙地设置格式,不仅可以使文稿样式美观,而且可以加快编写速度。文档对风格的要求各有不同,可以通过文本的格式进行体现。在确定了文档的风格并输入内容后,就可以对文本的格式、效果等进行设置。

4.1 文档格式编辑

4.1.1 字体设置

通过适当地改变字体,就可以使文章结构分明、重点突出。常见的文本内容可以是汉字,也可以是字母、数字或符号,文本的格式包括字符的字体、大小、粗细、字符间距等各种表现形式。

1. 字体和字号

常见的文本格式可以通过工具栏中的按钮进行操作,例如"加粗"按钮、"倾斜"按钮等;可以在"下画线"按钮的下拉列表中选择下画线的线型。

(1)选择字号。改变字号的目的通常是为了区分层次。例如,文章中标题的字号通常要比正文大,而表格中的字号小。选择字号的方法很简单,单击常用工具栏上的"字号"下拉列表中选择或输入字号即可完成设置。

在WPS文字中,表述字体大小的计量单位有两种,一种是汉字的字号,如初号、小初、一号等;另一种是用"磅"表示,例如4、4.5、10、12等。

使用中文字号时,数值越大,文字就越小,所以"八号"是最小的字号;在用"磅"表示的字号时,数值越小,字符的尺寸越小,数值越大,字符的尺寸越大。1磅字有多高呢? 2.83磅等于1mm,所以28号字约为1cm高的字,约相当于中文字号中的一号字。

字库中最大字体可达1638磅,而一般A4纸可容纳的最大字的磅值约为630。中文字号就是只有16种,而用"磅"表示的字号有很多,其磅值为1~1638。

(2)字体设置。字体是指文字在屏幕或纸张上呈现的书写形式,如汉字的楷书、行书、草书、黑体,英文的Arial、Time New Roman等。字体的选择可以通过"开始"选项卡中的工具按钮完成,也可以单击"字体"组右下角的对话框启动按钮□,在弹出的"字体"对话框中进行设置。

2. 字形效果

在编辑文档时,为了达到强调和突出的效果,可以通过"开始"选项卡中的工具按钮设定字形,如图 4-1 所示。常用的按钮包括以下几种。

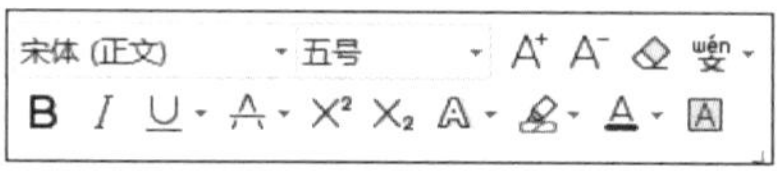

图 4-1　字形按钮

B 按钮。对所选文字使用粗体效果。

I 按钮。对所选文字使用斜体效果。

U 按钮。对所选文字加下画线,可以在其下拉列表中选择不同的线型。

A 按钮。为所选的文字添加删除线。

X² 按钮。将所选文字设置为上标。

X₂ 按钮。将所选文字设置为下标。

A 按钮。对所选文字使用外观效果,包括艺术字、轮廓、阴影、倒影、映像、发光等。

A 按钮。设定所选文字的颜色。最简单的方法是先选中文本,再从"字体颜色"的选项中直接选择一种颜色。也可以选中"其他字体颜色"选项,从弹出的"颜色"对话框中选择。

A 按钮。为所选文字加边框。

A⁺ 按钮。增大所选文字的字体。

A 按钮。减小所选文字的字体。

◇ 按钮。去除所选文字的格式。

嗖 按钮。为所选文字添加拼音效果。

📖提示:如果记住几个常用的快捷键,会给文本编辑工作带来更多便利:例如,加粗可使用 Ctrl＋B 组合键,其中 B 表示 Bold(粗体);设为斜体可使用 Ctrl＋I 组合键,其中 I 表示 Italic(斜体);添加下画线可使用 Ctrl＋U 组合键,其中 U 表示 Underline(下画线)。添加部分修饰效果如图 4-2 所示。

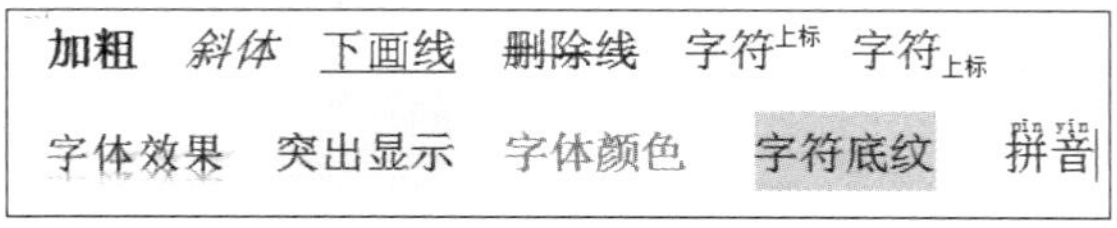

图 4-2　字形效果

除了以上几种简单的字形效果,WPS 文字还有其他多种修饰效果,单击"开始"选项卡的"字体"组右下角的扩展按钮□,打开"字体"对话框,进行具体设置,如图 4-3 所示。

3. 间距和缩放

在一些特殊格式中需要设置字符宽与高的缩放比例,从而得到的字符的缩放效果。

操作步骤如下。

① 单击"开始"选项卡"字体"组的对话框启动按钮□,在弹出的"字体"对话框中,选中"字符间距"选项卡,如图 4-4 所示。

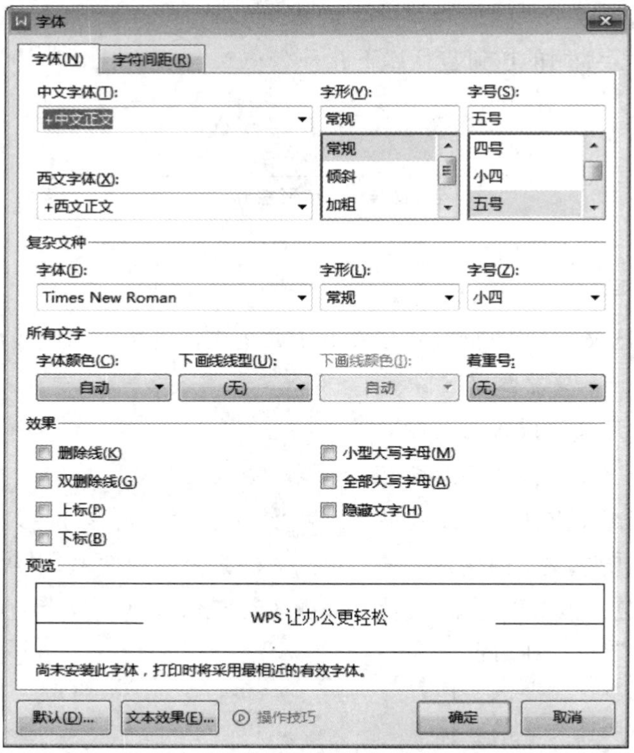

图 4-3 字体设置

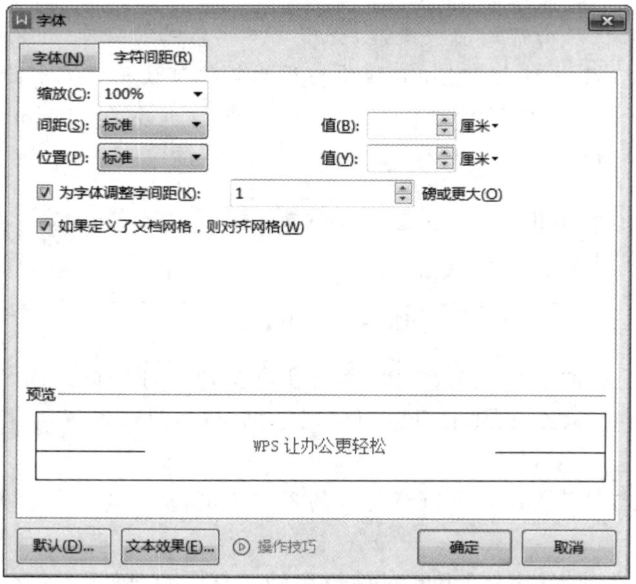

图 4-4 字符缩放

② 在"字符间距"选项卡内,根据文档编辑的需要设置字符间距和缩放效果,主要的设置内容如下。

- "缩放"。在"缩放"下拉列表框中提供了 8 种比例供用户选择,也可以直接输入百分比的数值。选择越大于 100% 的比例,得到的字体就越趋于宽扁;选择的缩放比例越小于 100% 的比例,那么得到的字体就越趋于瘦高。如选择 100%,则表示没有缩放。
- "间距"。在排版时,为了版面的美观,有时需要将占用 1~2 个字符的一行压缩到上一行。此时,就可以使用"紧缩"字符间距的办法实现。同样,需要将刚好占用一满行的文字拆成两行,也可以加宽字符的方法实现。"间距"下拉列表中包括标准、加宽、紧缩 3 个选项,可以直接在右边"值"中输入合适的间距值。
- "位置"。此下拉列表中分别有标准、提升、降低 3 种字符位置可选。也可以在"值"中直接输入数值控制所选文本相对基准线的位置。
- "为字体调整字间距"。该设置主要用于调整文字或者字符组合键的距离,让文本距离更加均匀和舒适,可以在后面的输入框内直接输入或者调整数值进行设置。
- "对齐网格"。此项用于对齐文档网格。若选中该选项,可以自动设置每行字符数。

4. 更改文字方向

WPS 文字有两种方法改变文字方向。

方法 1:在"页面布局"选项卡中单击"文字方向"按钮,其中包括"水平方向""垂直方向从右向左""垂直方向从左向右""将所有文字顺时针旋转 90°""将所有文字逆时针旋转 90°""将中文字符逆时针旋转 90°"文字方向选项。

方法 2:使用"文字方向"对话框。

① 若选中"文字方向"按钮下拉菜单中的"文字方向"选项,可在弹出"文字方向"对话框中进行设定,如图 4-5 所示。

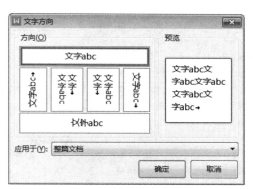

图 4-5　设定文字方向

② 在"方向"栏中可选择所需的文字方向。

③ 在"应用于"列表框中可选择作用的范围。根据是否选中文字、文档中的分节情况,有"所选文字""所选节""本节""插入点之后""整篇文档"等选项。

④ 单击"确定"按钮,完成设置。

📖 **提示**:在 WPS 文字中进行字体设置十分方便。当用户选中要处理的文字并松开鼠标时,选中文字的上方会显示关于字体设置的简单菜单,用于实现一般性的字体设定,如

图 4-6 所示。

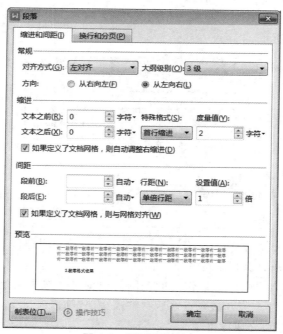

提示：关于字体的 🔲 🔲 宋体_GB2312 五号 A⁺ A⁻ 🔲 🔲，当用户选中要处理的
文字时，鼠标松开时，选 ✂ 🔲 B I U 🔲 A 📄 三 🔲 翻译 接文库 单菜单，能够实现一般性
的字体设定，如图 4-6 所示。

图 4-6　字体设置的简单菜单

4.1.2　段落格式设置

段落指的是按两次 Enter 键之间输入的内容，段落的内容可包括文字、图片、各种特殊
字符等。WPS 文字可以在段落中为整个段落设置特定的格式，例如行间距、段前间距、段后
间距等，这些格式可以通过"段落"对话框实现，本节介绍如何通过对话框来设置段落缩进、
段落间距、换行、分页，以及为段落添加边框和底纹。

1. 缩进

在编辑文档时，经常需要让某个段落相对于其他段落缩进一些，以体现不同的层次。在
文章中，通常习惯在每个段落的首行缩进两个字符，在用 WPS 文字进行中文文字的处理
时，这些缩进都需要用到段落缩进设置。

（1）段落缩进。单击"开始"选项卡"段落"组右下角的对话框启动按钮，弹出"段落"对
话框，如图 4-7 所示。在"缩进和间距"选项卡的"缩进"栏中，可在"文本之前""文本之后"数
值框中直接输入数值，可以调整段落相对左、右页边距的缩进值。例如，在"文本之前""文本
之后"数值框中分别输入"4 字符"，则光标所在段落或选定段落将对左右页边距各缩进 4 字
符的位置。

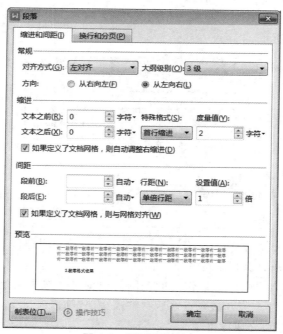

图 4-7　"段落"选项卡

（2）特殊格式。

① 首行缩进。按照中文行文的习惯，每段第一行会缩进 2 字符，此时就需要用特殊格式进行设置。"缩进"栏的"特殊格式"下拉列表中选择"首行"选项，然后在"度量值"数值框中输入要缩进的值，如图 4-7 所示。

② 悬挂缩进。在有些情况下，可能需要首行不缩进，而其他行要缩进，这时可以使用悬挂缩进方式。在"缩进"栏的"特殊格式"下拉列表中选中"悬挂缩进"选项，然后在"度量值"数值框中输入要缩进的值。

度量值右侧的单位可以通过单击最右侧的下拉箭头然后选中"磅""英寸""厘米""毫米""字符"进行设置。

另外，对缩进量大小的调整，可以使用"段落"组中的"减少缩进量"按钮 和"增加缩进量"按钮 。

📖提示：应尽量避免用空格键控制段落首行和其他行的缩进，利用 Enter 键控制某行右边结束的位置。

2. 行间距

WPS 文字有默认的行间距，但是在许多情况下，需要对行间距进行修改和调整，因此WPS 文字提供了调整段落间距的方法，其操作过程如下。

① 选中要设置行距的文本，如果是设置整段，可以将光标置于该段落。

② 单击"开始"选项卡"段落"组的对话框启动按钮，在弹出的"段落"对话框中选中"缩进和间距"选项卡，如图 4-7 所示。

③ 在"行距"下拉列表中选择对应的选项，也可以在"设置值"框中设置倍数。

📖提示：也可以通过"段落"组的"行距"按钮 直接设定。在一般情况下，文本行距取决于各行文字的字体和字号。如果某行包含大于行中其他文字的字符，例如图形或公式等，就会增加该行的行距。

在控制段落之间的距离时，不要使用 Enter 键在段前或段后添加空行，正确的方法是通过"段落"对话框中"缩进和间距"选项卡中的"段前"和"段后"选项设定。

3. 段落与分页

WPS 文字会自动按照所设页面的大小自动分页，美化文档的视觉效果，简化用户的操作，但是有时在段中分页会影响文章的阅读，所以需要对段中分页有所限制。

WPS 文字的分页功能十分强大，不仅允许手工对文档进行分页，而且允许调整自动分页的相关属性。可以利用分页选项避免出现"孤行"现象，避免在段落内部、表格行中或段落之间分页。

WPS 文字可根据页面大小及有关段落的设置自动对文档进行分页，也可以对 WPS 文字自动分页时的规则进行适当的修改，以达到控制自动分页的目的。WPS 文字提供了有关分页输出时的选项，可以通过单击"开始"选项卡"段落"组右侧的对话框启动按钮，在弹出的"段落"对话框的"换行和分页"选项卡中进行操作，如图 4-8 所示。

（1）分页。

① 孤行控制。该选项用于避免放置在一页的开始处留有上一页结尾段落的最后一行（页首孤行），或在前一页的结束处开始输出后一页的第一行文字（页末孤行）。

② 与下段同。该选项用于确保当前段落与其后面的段落处于同一页。例如，在表格、

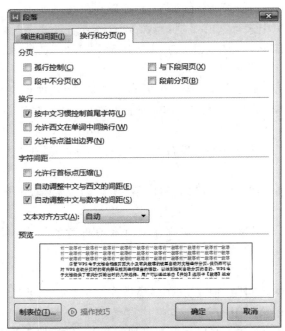

图 4-8 "换行和分页"选项卡

图片的前后带有标注时,可以利用该选项确保标注与表格或者图片始终处于同一个页面。

③ 段中不分页。该选项用于强制一个段落的内容必须放在同一页,以保持段落的可读性,多用于表格中,在一般正文中也会使用。

④ 段前分页。该选项用于从新的一页开始输出这个段落,相当于在该段之前自动插入一个分页符。与手动插入分页符相比,该选项更加方便,作为段落格式也可以在样式中定义。

(2)换行。

① 按中文习惯控制收尾字符。该选项用于按照中文书写习惯控制每行文字的首字符和尾字符。例如,一行文字可以输入 36 个文字,当用户输入第 37 个文字是",",则可以自动将该字符安置于第一行的最后一个位置,从而避免第二行的首个文字就是标点符号的情况发生。

② 允许西文在单词中间换行。该选项用于输入西文单词时如果一行已经输满,且某单词未输入完成时,会自动另起一行继续完成该单词的输入。

③ 允许标点溢出边界。通常情况下输入文档的标点都允许溢出文本输入的边界,但是标准公文的行文是不可以的。

4. 对齐格式

段落的对齐方式会直接影响版面的效果,段落的对齐方式主要有水平对齐和垂直对齐两种。

(1)段落的水平对齐方式。该方式用于控制段落中文本行的排列方式,可以通过"开始"选项卡中的"段落"组中的功能按钮完成,主要包括左对齐、右对齐、中间对齐、两端对齐和分散对齐 5 种。也可以通过"段落"对话框中的"缩进和间距"选项页的"对齐方式"下拉菜单进行设置的。通常文章的标题居中对齐,最后的落款右对齐。

（2）设置段落的垂直对齐。该方式可以快速地定位段落的位置。例如,在制作一个封面标题时,设置段落的垂直居中对齐可以快速地将封面标题置于页面的中央。垂直对齐有底端对齐、垂直居中和顶端对齐 3 种方式。

可单击"页面布局"选项卡"对齐"组右下角的箭头,在下拉菜单中选择设置段落垂直对齐。

📖提示：在几种对齐方式中,两端对齐是比较特殊的一种,在写英文文档时,因为英文单词的长度长短不齐,容易造成每行文档的长短不一,因此通常采用两端对齐的对齐方式。

5. 项目符号和编号

在文档中,为了使段落之间的逻辑关系更加清晰,可以为段落添加编号或符号,操作过程如下。

（1）选中要添加编号或项目符号的几个段落。

（2）在"开始"选项卡的"段落"组中单击项目符号按钮 ⬛≡,为段落添加符号,单击编号按钮 ≡,为段落添加编号命令。

（3）如果下拉菜单中没有合适的项目符号,可以单击项目符号按钮或项目编号按钮右侧的箭头,在下拉菜单中选择合适的符号和编号类型;也可以单击菜单栏底端的自定义项目符号或自定义项目编号,在弹出的"项目符号和编号"对话框中进行选择和设置;此外,还可以根据需要自定义符号和编号,如图 4-9 和图 4-10 所示。

图 4-9　项目符号

编号与项目符号的添加操作相同,均通过编号按钮设置,与此相同的还包括添加多级项目编号。

6. 制表位

文档排版时可能需要在指定位置输入文本,这就需要使用制表位。制表位是指在水平标尺上的位置,指定文字缩进的距离或一列文字开始之处。多次单击水平标尺左端的按钮,直至出现所需制表位类型,然后单击标尺,即可设置制表位。

（1）制表位的使用。WPS 文字提供的制表位分为 4 种,分别是左对齐式制表位、居中对齐式制表位、右对齐式制表位以及小数点对齐式制表位,如图 4-11 所示。

图 4-10　项目编号

使用制表位能够向左、向右或居中对齐文本行,或者将文本与小数字符或竖线字符对齐,也可在制表符前自动插入特定字符。设置制表位的操作步骤如下。

单击页面右上角的"标尺"按钮 调出文档标尺。

单击编辑区左上角的调出制表位 ,在弹出下拉菜单中选择制表位,如图 4-11 所示。

将鼠标光标移动到标尺上需要添加制表位的位置,单击标尺即可插入对应的制表位。

将光标定位在制表位处并输入内容,输入完毕后按 Tab 键,光标跳转到制表位定位的位置并输入内容,以此类推。

图 4-11　制表位

(2)制表位的设置。选定文本,双击标尺上的制表位,或者单击"段落"对话框中"制表位"按钮 ,弹出"制表位"对话框,如图 4-12 所示。

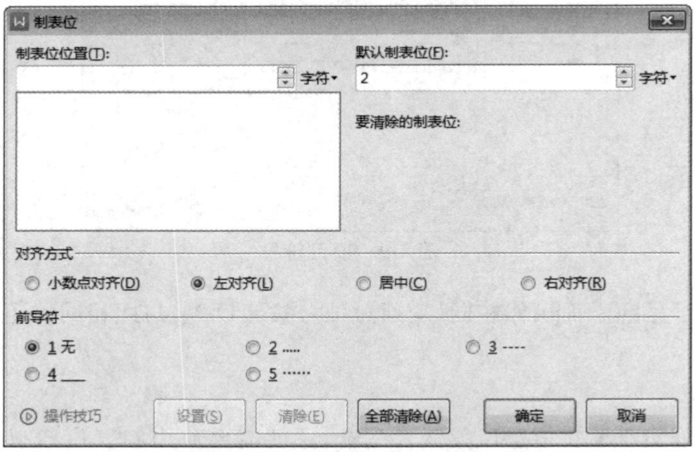

图 4-12　"制表位"对话框

在"制表位位置"文本框中,输入新制表符的位置,在"前导符"栏中,选择所需前导符选项,单击"确定"按钮。系统提供了 5 种前导符的类型,可在列表框中选择要为其添加前导符的已有制表位,如图 4-12 所示。

在"制表位"对话框的"对齐方式"栏中,选择在制表位输入文本的对齐方式,这里的设置意义与上面的设置制表位的对齐方式形式相同。

删除或移动制表位的方法很简单。在选定包含要删除或移动的制表位的段落后,将制表位标记向下拖离水平标尺即可删除该制表位。在水平标尺上左右拖动制表位标记即可移动该制表位。

7. 边框和底纹

当需要对文档的部分文本或段落添加边框时,可执行如下步骤。

(1)选中要添加边框的文本。

(2)在"开始"选项卡的"段落"组中单击"边框"按钮,在下拉菜单中选择边框的种类。

对文档添加底纹的方法与添加边框的方法很相似,在"开始"选项卡的"段落"组中单击"底纹"按钮。

添加边框和底纹的另外一种方法是单击"边框"按钮,在弹出的菜单中选中"边框和底纹"选项,打开"边框和底纹"对话框,如图4-13所示。在"设置"栏中选中外观,在"线型"列表框中选中边框的线型,在"颜色"下拉列表中选中边框的颜色,在"宽度"下拉列表框选中边框的粗细,在"应用于"下拉列表选中应用的范围,范围包括"文字"和"段落"两项,然后单击"确定"按钮,完成设置。

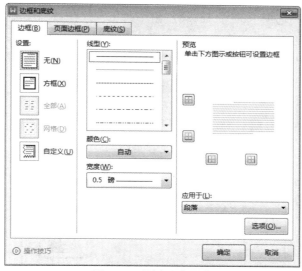

图4-13 "边框"选项卡

📖**提示**:在"边框和底纹"对话框的"应用于"下拉列表框中有"文字"和"段落"两项,分别是指对单个文字添加边框和整段文字添加边框。如果要对整段文字添加边框就需要在"边框和底纹"对话框的"页面边框"选项卡中进行设置,其设置方法与上文相同。

添加底纹的操作与添加边框非常类似,不同的是在打开对话框后默认为"底纹"选项卡,然后在该选项卡内的"填充"和"图案"栏进行操作,如图4-14所示。

8. 分栏显示

在报纸和杂志中,版面分栏随处可见。在WPS文字中可以很容易地生成分栏,可以在不同节中实现不同的栏数。

图 4-14 "底纹"选项卡

分栏的操作步骤如下。

（1）选中需要分栏的段落或文字。

（2）在"页面布局"选项卡的"页面设置"组中单击"分栏"按钮 ，在下拉菜单中选中分栏的种类，即可快速实现简易的分栏。选中"更多分栏"选项，弹出"分栏"对话框，在"预设"栏中有一栏、两栏、三栏、偏左和偏右这 5 种选择，如图 4-15 所示。

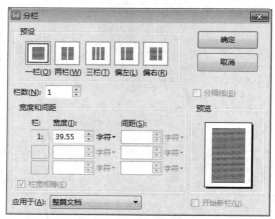

图 4-15 "分栏"对话框

（3）如果对"预设"栏中的分栏格式不太满意，可以在"栏数"微调框中输入所要分隔的栏数。微调框中数目为 1～11（可根据所定的版心不同而不同）。

（4）选中"栏宽相等"复选框，在"宽度和间距"栏中设置各栏的宽度和间距，选中"分隔线"复选框，可以在各栏之间设置分隔线。

（5）在"应用于"下拉列表框中选择"本节""整篇文档"或"插入点之后"，单击"确定"按钮。

若希望文章的标题位于所有栏的上面，而标题本身不分栏，就需要对文档进行分节处理。文档中的每节都可以设置栏数，只要将标题单独作为一节，并设置为 1 栏（也就是标题不分栏），即可产生跨栏标题。操作步骤如下。

① 选中文章标题，用上面的方法设置为 1 栏。

② 选中其余文档，按照上面的方法，设置成需要的栏数和宽度。

📖提示：在选择第二段文字时，不要选中第二段末尾的回车符，选中的内容到第二段的句号。

4.1.3　背景和水印

背景显示在页面最底层，合理地运用背景会使文档特色鲜明，使用户在阅读过程中得到美的享受。背景的设置主要有颜色、背景和水印效果 3 种方式。

1. 设置背景的颜色

设置背景颜色的操作如下。

单击"页面布局"选项卡中的"背景"按钮，在下拉菜单中选择背景颜色的相关设置。颜色的选项非常多，包括"主题颜色""标准色""渐变填充""其他填充颜色""取色器"等。

① 选中"其他填充颜色"选项，在弹出的"颜色"对话框中选择需要的颜色作为背景色。

② 选中"取色器"选项，可通过鼠标在屏幕中进行取色，将光标移动到合适的位置并单击，背景自动变为所取颜色。

2. 设置背景的填充效果

设置背景填充效果的操作如下。

单击"页面布局"选项卡中的"背景"按钮，在下拉菜单中选中背景填充的相关设置。

（1）在下拉菜单中选中"图片背景"选项，弹出"填充效果"对话框，如图 4-16 所示。在"图片"选项卡中单击"选择图片"按钮，在弹出的"选择图片"对话框中选中所需图片，单击"打开"按钮，文档背景变为所选图片。

图 4-16　"填充效果"对话框的"图片"选项卡

（2）在下拉菜单中选中"其他背景"选项，从"渐变""纹理""图案"3 个子菜单中选中任何一个，弹出"填充效果"对话框，如图 4-17 所示。

图 4-17　"填充效果"对话框的"渐变"选项卡

① 使用"渐变"效果填充。在"渐变"选项卡中通过设定"颜色""透明度"和"底纹样式"设定渐变效果。

② 使用"纹理"效果填充。在"纹理"选项卡中利用系统提供的纹理进行填充。

③ 使用"图案"效果填充。在"图案"选项卡中利用系统提供的图案进行填充。

3. 设置背景的水印

在打印一些重要文件时，需要可添加"绝密""保密"等字样的水印，使阅读文件的人知道该文档的重要性。WPS 文字可添加文字和图片两种类型水印，使之显示在正式文档文字的下面，即醒目，又不会影响文字阅读。

（1）添加文字水印。制作好文档后，单击"页面布局"选项卡中的"页面"按钮，从下拉菜单中选中"水印"选项，会出现"保密""严禁复制"等预设水印；也可以从下拉菜单中选中"插入水印"选项，在弹出的"水印"对话框的"内容"框中输入自定义水印的内容，在设计好水印文字的字体、尺寸、颜色、透明度和版式后，单击"确定"按钮，文档背景出现设定的水印字样，如图 4-18 所示。

（2）添加图片水印。在"水印"对话框中选中"图片水印"复选框，然后在弹出的"选择图片"对话框中选中要作为水印图案的图片，单击"确定"按钮，返回"水印"对话框设置图片的缩放比例。若选中"冲蚀"复选框，就可让添加的图片在文字后面降低透明度显示，以免影响文字的显示效果。

📖提示：WPS 文字只能为每个文档添加一种水印，若是添加文字水印后又定义了图片水印，则文字水印会被图片水印替换，在文档内只会显示最后制作的那个水印。

案例 4.1　短文两则。创建一个文档并以在"两则"作为文件名进行保存，具体要求

图 4-18 "水印"对话框

如下。

任务 1：创建文档并输入图 4-19 所示内容。

图 4-19 短文两则

任务 2：设定标题的文字格式，位置为"居中"，字体为"黑体""加粗"，字号为"小二"。正文字体为"宋体"，字号为"小四"。

任务 3：将文字"劳动身体……心绪。"的字符宽度设定为 150%，添加双下画线，字体颜色为"蓝色"。

任务 4：标题的段前、段后间隔均为 1 行，正文行距为 1.5 倍行距。

任务 5：将文字"每一个岔口……的选择。"的字符间距设定为 2 磅。

任务 6：对第一段进行编辑，给第一段加"0.5 磅黑色直线"边框。

任务 7：对第二段进行"等宽分栏"，并添加"浅蓝"色底纹。

任务 8：对文档添加图片水印，如图 4-18 所示。

案例实现方法如下。

任务 1 实现方法。创建文档并输入图 4-19 所示文本内容并保存为"两则.docx"。

任务 2 实现方法。

① 首先选中要编辑的文字"两则"，然后在"开始"选项卡的"字体"组中设置字体为"黑体"，"字号"为"小二号"。

② 选中"两则"，单击"加粗"按钮 **B**，然后单击"居中"按钮，操作完成。

任务 3 实现方法。选中文字，单击"字符缩放"按钮，从下拉菜单中选中"字符缩放"|"150%"选项，完成操作。

任务 4 实现方法。选中标题"两则"，在"开始"选项卡中单击"行距"按钮，从下拉菜单中选中"其他"选项，在弹出的"段落"对话框中，设置"间距"为"段前"1 行，"段后"1 行；选中正文，用同样方法设置"行距"为"1.5 倍"。

任务 5 实现方法。选中文字后，在"开始"选项卡中单击"字符缩放"按钮，从下拉菜单中选中"其他"选项，在弹出的"字体"对话框的"字符间距"选项卡中设定"间距"为"加宽"，"值"为"2 磅"，单击"确定"按钮，操作完成。

任务 6 实现方法。

① 首先选中第 1 段，在"开始"选项卡的"段落"组中单击"边框"按钮，从下拉菜单中选中"边框和底纹"选项，弹出"边框和底纹"对话框。

② 在"边框"选项卡中设置"线型"为"单实线"，"颜色"为"黑色"，"宽度"为"0.5 磅"，在"应用于"下拉列表中选中"段落"选项，单击"确定"按钮，完成操作。

任务 7 实现方法。

① 选中第 2 段文字，在"页面布局"选项卡中单击"分栏"按钮，在下拉菜单中选中"两栏"选项。

② 选中第 2 段，在"开始"选项卡的"段落"组中单击"边框"按钮，从下拉菜单中选中"边框和底纹"选项，弹出"边框和底纹"对话框。"底纹"选项卡中设置"填充"为"浅蓝"，在"应用于"下拉列表中选中"文字"选项，单击"确定"按钮，操作完成。

任务 8 实现方法。

① 在"页面布局"选项卡中单击"背景"按钮，在下拉菜单中选中"水印"|"插入水印"选项，在弹出的"水印"对话框中选中"图片水印"复选框。

② 单击"选择图片"按钮，在弹出的"选择图片"对话框中选中图片，单击"确定"按钮，从"缩放"下拉列表中选择水印的缩放比例，选中"冲蚀"复选框，设置水印为冲蚀效果。

4.2 图 文 混 排

4.2.1 图片

1. 插入图片

图片的应用给文档带来锦上添花的效果,给文档中添加图片通常有两种方式:一种是添加系统剪切库中的剪切画,另一种是添加图片文件。

在文档中插入图片文件的操作流程如下。

(1) 单击文档中要插入的位置。

(2) 在"插入"选项卡中单击"图片"按钮,在弹出的"插入图片"对话框中选择图片。

(3) 单击"打开"按钮,插入图片。

除此之外,插入图片可以单击"图片"按钮,从下拉菜单中选中"本地图片""来自扫描仪""手机传图""资源夹图片"等其他选项。

若选中"手机传图"选项,系统会弹出二维码,可在手机上用微信扫描二维码建立连接并点击"选择图片"按钮,进入相册或者利用手机拍照功能上传图片,然后进行图片传输,计算机在接收图片后,双击图片即可完成插入图片操作,如图 4-20 所示。

此外,WPS 文字还为其会员提供了一些免费的主题图片。

2. 插入截屏图片

WPS 文字内置了截屏功能。通过该功能,可以快捷高效地在文档中插入计算机的屏幕画面,经过挑选页面后,按照选定范围以及设定图形进行截取。操作步骤如下。

(1) 首先将光标移至文档中需要插入图片的位置。

(2) 在"插入"选项页中单击"截屏"按钮,弹出如图 4-21 所示的下拉菜单。

图 4-20　手机传图

图 4-21　截屏下拉菜单

(3) 在下拉菜单中选中截图区域,或者直接选中"屏幕截图"选项,此时光标变成彩虹色彩。

(4) 将光标移至需要截图的区域,按住左键并拖动,选择截图范围。

（5）截图完成后，截图区下方会出现浮动的工具栏，如图4-22所示。单击浮动工具栏上的☑按钮，将截取的图片插入文档。

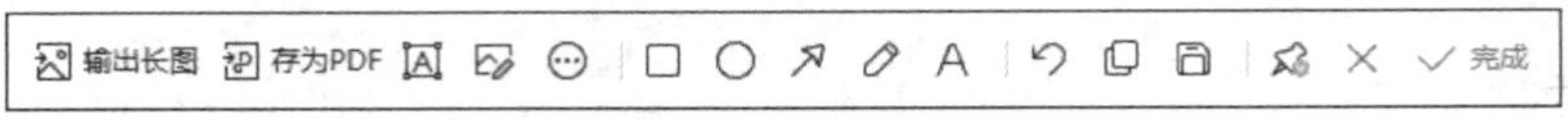

图4-22　浮动工具栏

📖**提示：**

① 可以通过"截屏"按钮下拉菜单中的"录屏"选项对计算机某个区域的屏幕画面进行录制。

② 在"截屏"按钮的下拉菜单中选中"截屏时隐藏当前窗口"选项，截屏画面会聚焦在切入 WPS 文字工作窗口之前的窗口，并且只能在此窗口，因此希望在另外窗口中截取图片时，需要注意切换的顺序。

3. 编辑图片

将图片插入文档后，需要对其大小、艺术效果等进行设置。单击插入的图片，在弹出的"图片工具"选项卡中，可对图片进行各种设置和操作，如图4-23所示。

图4-23　"图片工具"选项卡

下面介绍 WPS 文字中常用的图片处理功能。

（1）调整图片的样式。

①"抠图背景"。用于抠取图片的背景，确定是否保留图片背景。

②"色彩"。可以进行"自动""黑白""灰度""冲蚀"等效果处理。

③"亮度"。通过 ☀ ☀ 按钮，可以增加和降低图片的亮度。

④"对比度"。通过 ◖ ◗ 按钮，可以增加和降低图片的对比度。

⑤"效果"。可以对图片进行"阴影""倒影""发光""柔化边缘""三维旋转"等设置，也可以单击"更多设置"按钮，在右侧"信息区"进行设置，如图4-24所示。

（2）设置图片的文字环绕方式。若要图片和文字混合排版达到整体版式的美观，就需要对文档中图片围绕的文字设置环绕方式。具体操作步骤如下。

选中需要设置的图片，在"图片工具"选项卡中单击"环绕"按钮，在下拉菜单中选择环绕方式。

文字环绕方式分为嵌入文字内、与文字分层两种。

① 图片嵌入文字内。该方式会按照文字相同的排版方式进行排版。

② 与文字分层。该方式插入的图片可以放在文档的任何位置，不受文字排版的影响。

主要的环绕方式包括嵌入型（默认）、四周型环绕、紧密型环绕、衬于文字下方、浮于文字上方、上下型环绕和穿越

图4-24　信息区图片效果设置

型环绕,效果如图4-25所示。

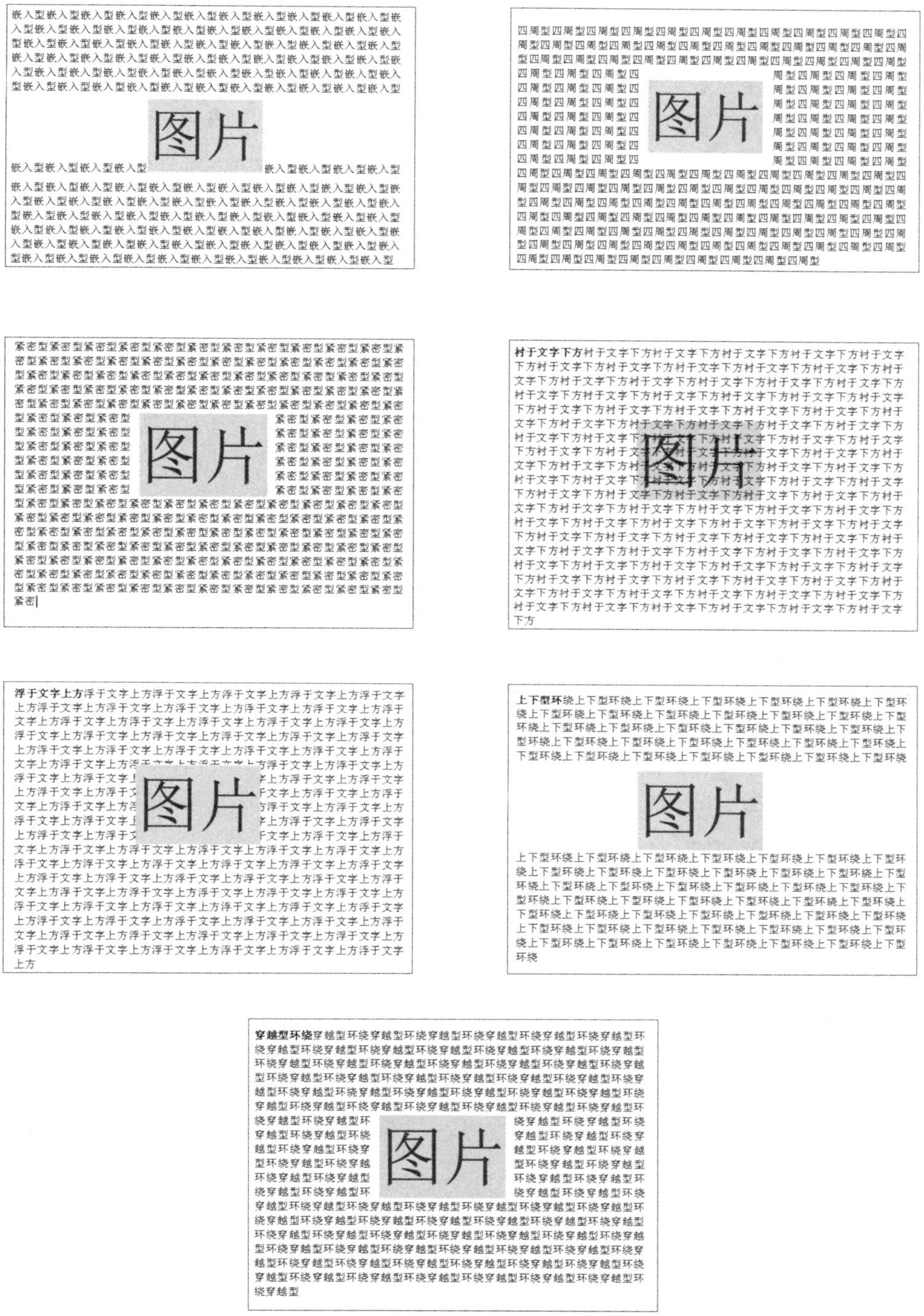

图 4-25　各种文字环绕的效果

（3）剪切图片。当采用截屏或者其他方式插入的图片时,常常需要剪切掉部分内容。操作步骤如下。

① 选中要剪切的图片,选择"图片工具"选项卡,单击"剪切"按钮,图片周边会出现剪切标记,拖动图片四周的剪切标记即可获得剪切的图片。

② 剪切完成后,在图片之外的任何位置单击或者按 Esc 键,即可退出剪切操作,此时文档中的图片为剪切后的效果。

③ 如果需要将图片剪切成其他形状或者按照一定比例剪切图片,可以单击"剪切"按钮,或者选择图片后,单击图片右侧弹出的"剪切"快捷图标,如图 4-26 所示。

图 4-26　图片裁剪

④ 在打开的下拉列表选项中选中"按形状裁剪""按比例裁剪",对图片进行裁剪。

(4) 其他图片操作。

① "替换\添加图片"。单击"添加图片"按钮或者"替换图片"按钮,可以继续插入图片或者将插入的图片替换。

② "图片轮廓"。单击"图片轮廓"按钮□,给图片添加边框,并设置边框的颜色和线型。

③ "旋转"。单击"旋转"按钮◨,从下拉菜单中选中"向左旋转 90°"、"向左旋转 90°"、"水平翻转"或"垂直翻转",对图片进行旋转。

4.2.2　绘制图形

在 WPS 文字中,可绘制线条、矩形、圆形、连接符、标注等图形。

1. 绘图画布

当文档中插入图片和图形对象,需要将插入的内容作为一个整体进行编辑,这时需要新建绘图画布。绘制画布相当于为图形对象和其他内容形成一个边界。新建画布的方法如下。

将光标定位在要插入画布的位置上,在"插入"选项卡中单击"形状"按钮,在下拉菜单中选中"新建绘图画布"选项,即可新建画布。

在画布中可以插入图片、图形、图表、流程图和线条等,并可以移动插入对象的位置,但是不能超出绘图画布。删除画布时,绘图画布内的所有图片和图形的对象将同时被删除。

2. 绘制图形

使用自选图形按钮绘制图形的步骤如下。

(1) 将光标置于画布中要绘制图形的位置。

(2) 在"插入"选项卡中单击"形状"按钮,下拉菜单中包括线条、矩形、基本形状、箭头总汇、公式形状、流程图、标注和星与旗帜 8 种基本形状类型。

（3）选择合适的图形添加到画布。

3. 编辑自选图形

单击插入的自选图形，然后通过"绘图工具"选项卡对图片进行编辑，包括插入形状、填充颜色、轮廓、形状效果、对齐方式等，如图 4-27 所示。

图 4-27 "绘图工具"选项卡

（1）插入形状。用于选择自选图形的类型以方便继续向文档中插入，以及在选定自选图形后，单击右侧的"文本框"按钮，给自选图形添加文字。

📖 **提示**：当自选图形内光标被激活后，可在自选图形中进行文字的输入与编辑。使插入的图形模块变为文字模块。可在自选图形内设定文本框、文字方向，创建或删除链接，通过"文本框样式"组可设定文本框的颜色、填充内容及形状等。

（2）编辑形状。用于修改插入的自选图形以及编辑形状的顶点。

其他图形处理工具与图片处理工具用法基本相同。

4. 排列与组合

通常情况下，自选图形在应用时不会单独使用，常与其他图形或文字放到同一张画布上共同使用。由于各部分是相对独立的，在进行图形的编辑时，可利用 WPS 文字位置对齐工具对图形位置进行调整，在进行其他编辑操作时，可能因画布中某个图形相对于其他图形发生位置移动，从而影响表达效果，这时需要将已经编辑好的整个画布或几个图形设置为一个整体，使其中各部分的相对位置相对固定，实现这个功能的操作称为组合。自选图形组合的操作过程如下。

（1）按住 Shift 键，用鼠标选中所有需要组合为一个整体的几个自选图形，在浮动工具栏中单击"组合"按钮🔲。

（2）若要对已经组合的图形进行分别编辑，需要先右击组合图形，从弹出的快捷菜单中单击"取消组合"按钮，取消组合，再分别编辑。

几个简单自选图形组合的效果如图 4-28 所示。

图 4-28 自选图形的组合

4.2.3　文本框

1. 插入文本框

WPS 文字可以使文字、图片、表格等文档内容独立于正文放置而便于定位。根据文本框中内容的排列方向，可以将文本框分为"横排"和"竖排"两种。文本框中的内容可以是文字、图片或表格。

在文档中插入文本框并输入内容的方法如下。

光标定位到要插入的位置，在"插入"选项卡的"文本"组中单击"文本框"按钮，在下拉菜单中选择文本框的类型，WPS 文字提供了多种文本框类型，非会员可使用其中的免费版。

WPS 文字提供了手动绘制文本框的方法，单击"文本框"按钮，下拉菜单包括 3 个子菜单。

（1）横向文本框。用于插入从左向右阅读的文本框。

（2）竖向竖排文本框。用于插入从上向下阅读的文本框。

（3）多行文字。用于插入多行文字。

2. 编辑文本框

单击插入的"文本框"，弹出"绘图工具"和"效果设置"选项卡。

对文本框颜色和形状的处理用到"绘图工具"选项卡中的功能，对于文本框效果的处理用到"效果设置"选项卡中的功能。可以双击文本框，在弹出的"设置对象格式"对话框中设置，也可以用文本编辑区右侧的按钮进行相关设置。

文本框的编辑方法与自选图形基本相同，这里不再详细介绍。

📖**提示**：文本框设定时常遇到两类问题，一类是文本框太大，但是像缩小文本框后，文字便不能完全显示，这是因为文本框中文字距离文本框的边框距离太远；另一类是文本框放的位置可能会阻挡其后面的文字，所以必须将文本框设置为透明，并将边框设置成隐形。解决第一个问题的方法是，在"文本选项"选项卡的"文字边距"框中设置文字与边框之间的距离。解决第二个问题的方法是，在"形状选项"选项卡的"填充与轮廓"栏中"文本轮廓"设置"文本轮廓"为"无"。

4.2.4　智能图形

WPS 文字提供了智能图形工具，以更好地体现文本的理念和知识点，将其以图形的形式展现出来。

智能图像用于在文档中演示流程、层次结构、循环或者关系。智能图形包括水平列表和垂直列表、组织结构图以及射线图与维恩图。它将上几个版本中与此有关的内容进行整合并进一步完善其内容。配合图形样式的使用，可展示出意想不到的效果。

1. 插入智能图形

在"插入"选项卡中单击"智能图形"按钮，弹出"智能图形"对话框，其中包含版本内置的智能图形库，WPS 文字提供了列表、循环、流程、时间轴、层次结构、关系、矩阵、对比等不同类型的模板，首先从视觉上就给人以冲击力，如图 4-29 所示。

2. 智能图形的使用

单击插入的智能图形，弹出"格式"和"|设计"两个新的选项卡。

"格式"选项卡用于设置智能图形中文本内容，主要功能与自选图形中对应的组非常相

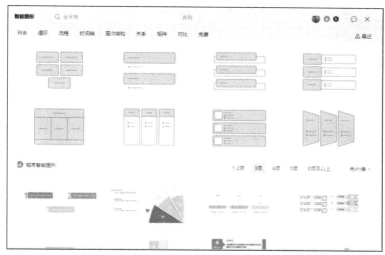

图 4-29 智能图形列表

似,在此不详细介绍。

图 4-30 为智能图形层次结构的实例,需要输入具体的层级关系。软件提供了良好的输入界面,通过左侧的提示窗口,就可以完成相应的层级项目,输入的内容就可以实时显示在图表中。

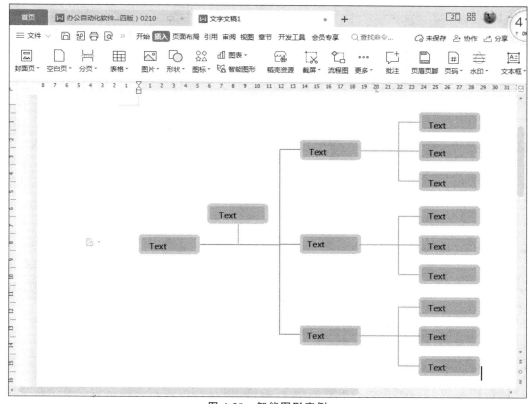

图 4-30 智能图形实例

4.2.5　插入页面

WPS文字中,能作为插入的内容有很多,通过"插入"选项卡"页"组中的"封面""空白页"和"分页"按钮,可对整个页面的插入内容进行设定。

(1)"封面"按钮。为文档添加封面,系统为用户提供15种封面,也可以删除封面和添加封面模板。

(2)"空白页"按钮。为文档新添加空白页。

(3)"分页"按钮。在光标所在位置添加分页符,也就是光标位置之后的文字将会出现在下一页。

WPS文字可插入的内容还包括剪切画和图表,这两部分的用法与图片和自选图形非常相似,在此不再赘述。

4.2.6　插入公式

当需要在文档里插入复杂的数学公式时,可使用WPS文字提供的数学公式插入和编辑功能,下面进行简要介绍。

将光标置于要插入公式的位置,在"插入"选项卡的"符号"组中单击"公式"按钮,然后在下拉菜单中选中公式的种类。也可以在插入公式后,单击公式,在"公式工具"选项卡中进行编辑,如图4-31所示。

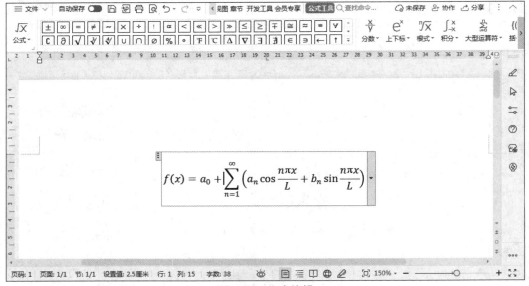

图 4-31　公式编辑

📖提示:选中插入的公式,在下拉菜单中可进行公式形式的转换等操作。

4.2.7　插入域

域是嵌入WPS文档中的一组代码指令,在WPS文档中体现为数据占位符。通过域,可以实现信息的自动更新,如时间、页码、日期等。通常情况下,在文档中使用插入页码、封面等文档构建基块或者创建目录特定的指令时，WPS文字会自动插入域。而利用"文档部件"可以实现手动插入域，以便在特定情况下通过域自动处理文档。手动插入域的操作步骤如下。

（1）将光标移至文档中需要插入域的位置并单击。

（2）在"插入"选项卡中单击"文档部件"按钮，从下拉菜单中选中"域"选项，打开如图4-32所示"域"对话框。

图 4-32 "域"对话框

（3）根据需要选择域名并设置是否"更新时是否保留原格式"，单击"确定"按钮，如图4-32所示。当单击域时，在其右下方显示对当前域的简要说明、应用示例以及预览效果。

4.2.8 首字下沉

报刊中常常使用"首字下沉"的版式效果。所谓"首字下沉"，就是指文章或者段落的第一个字或前几个字比文章的其他字的字号大或者字体不同。这样可以突出段落，更能吸引读者的注意。

设置首字下沉的操作步骤如下。

（1）将光标置于要设置的段落中的任意位置。

（2）在"插入"选项卡中单击"首字下沉"按钮。

（3）在弹出的"首字下沉"对话框中设置下沉位置、首字的字体、下沉的行数以及距正文的远近，单击"确定"按钮，如图4-33所示。

📖提示：使用"下沉"版式比较多见，也比较适合中文的习惯。通常下沉行数不要太多，一般为2～5行。

4.2.9 插入图表

在文档中加入图表后，不仅增强文档的数据支撑力度，而且对文档中的数据起到可视化的作用，具体的操作步骤如下。

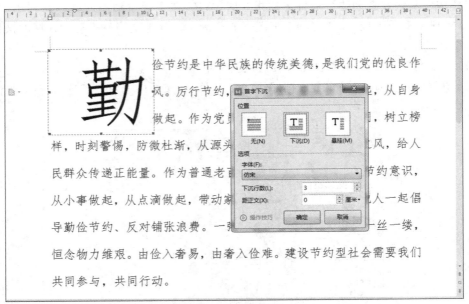

图 4-33　首字下沉

（1）将光标移至文档中需要插入图表的位置。

（2）在"插入"选项卡中单击"图表"按钮，弹出"插入图表"对话框。

（3）在其中选择合适的图标类型，对话框内会呈现不同类型的柱状图以及样式。单击"插入"按钮，该图标即可插入文档，并在功能区自动打开"图表工具"选项卡。

（4）单击"编辑数据"按钮，会自动打开 WPS 表格，在其中可直接输入和编辑图表中所要呈现的数据，编辑完成后直接退出 WPS 表格，文档中的图表也会随之改变。

（5）通过"图表工具"中的选项对图表的颜色、显示效果等进行设置。

4.2.10　插入其他文档内容

在需要将其他文档的内容引用至当前文档，并在当前文档上直接展示时，可以通过 WPS 文字中的"插入对象"功能实现。具体操作步骤如下。

（1）选中文档中需要引用的位置并单击。

（2）在"插入"选项卡中单击"对象"按钮，在下拉菜单中选中"文件中的文字"选项。

（3）在弹出的"插入文件"对话框中选中需要引用内容的文档，单击"打开"按钮，将所选文档中的内容引用至当前文档。

（4）可在引用的内容中进行编辑或者排版，如果想删除该引用内容可单击"撤销"按钮进行撤销。

案例 4.2　板报制作。建立并输入名为"文化遗产.docx"的文档，并完成如下任务。

任务 1：分别在"民间文化……文化悲剧。"和"中华优秀传统文化……激活中华文化生命力。"所在段插入图片，设置两张图片排版都为"四周环绕"，并为文档添加图片水印，如图 4-34 所示。

任务 2：为文档添加艺术字标题，要求文字分别是"保护文化遗产"和"守望精神家园"，设置类型为"古色古香"，字号为"小初"。

任务 3：为首段文字添加首字下沉效果，设置字体为"宋体"，下沉行数为"3"。

任务 4：在标题左侧添加一个竖排文本框，设置内容为"新闻稿"，字体为"华文行楷"，字号为"小三"，颜色为"蓝色"，其他内容如图 4-34 所示。

任务 5：为文档中相应段落添加项目符号和段落边框，具体效果如图 4-34 所示。

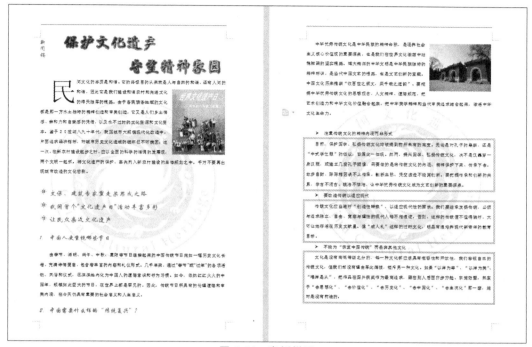

图 4-34　案例样图

案例实现方法如下。

任务 1 实现方法。

① 将光标置于要插入图片的位置，在"插入"选项卡中单击"图片"按钮，在弹出的"插入图片"对话框中选中图片，单击"插入"按钮，将图片插入。

② 调整图片大小，并参照图 4-34 所示设置将图片拖到指定位置。

③ 选定图片，在"图片工具"选项卡中单击"环绕"按钮，在下拉菜单中选中"四周型环绕"选项，如图 4-35 所示。

④ 在"插入"选项卡中单击"水印"按钮，在下拉菜单中选中"插入水印"选项，在弹出的"水印"对话框中，单击"选择图片"按钮并选择图片，单击"确定"按钮。

⑤ 插入"中华民族优秀传统文化……激活中华文化生命力"所在段落的图片的处理方法与上文相似，在此不再赘述。

任务 2 实现方法。

① 将光标置于首段文字的上一行，在"插入"选项卡中单击"艺术字"按钮，从下拉菜单中选中"艺术字"选项，在弹出的"艺术字"对话框中选中"极简"|"古色古香"选项。

② 在插入的"古色古香"对话框中输入文字"保护文化遗产"，设置字号为"小初"。

③ 插入和设置艺术字的方法同上，输入文字内容为"守望精神家园"。

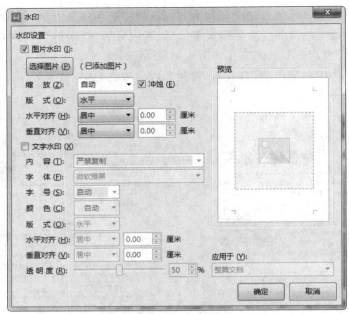

图 4-35　水印

任务 3 实现方法。

① 将光标置于第 1 段中,在"插入"选项卡中单击"首字下沉"按钮。

② 在弹出的"首字下沉"对话框中,设置位置为"下沉",字体为"宋体",下沉行数为"3",如图 4-36 所示。

任务 4 实现方法。

① 在"插入"选项卡中单击"文本框"按钮,从下拉菜单选中"竖向"选项,插入文本框。

② 输入文字"新闻稿",选中文字,在"开始"选项卡的"字体"组中设置字体为"华文行楷","字号"为"小三","颜色"为"蓝色"。

③ 双击"文本框",在弹出的"属性"浮动面板中,设置"文本轮廓"为"无",如图 4-37 所示。

图 4-36　"首字下沉"对话框

图 4-37　在"属性"面板中设置文本框格式

任务 5 实现方法。

① 选中第 2、3、4 段文字,在"开始"选项卡中单击"插入项目符号"按钮,在下拉菜单中选中对

应的符号,添加符号完成,设置3段文字字体为"华文新魏",字号为"三号",颜色为"深蓝"。

　　② 选择倒数第 2、4、6 段文字,按照上一步的方法添加项目符号。

　　选中倒数第 1、3、5 段文字,为其添加边框,具体方法不再赘述。

📖**知识拓展**

保护文化遗产,坚定文化自信

　　文化自信是一个国家、一个民族发展中的一股本、深沉、持久的力量。文化自信不是自负、自大和盲目自信,背后需要综合国力的支撑。近年来,我们在用"中国味"的话语体系讲述现代的"元宇宙"故事,这是前沿信息技术文化的中国化表现,是历史自觉、文化自信的表现,也是确立话语权、激励科技自主与创新发展的需要。

4.3　表　格　排　版

　　在编辑排版过程中,常要处理表格。表格是一种简明、概要的表达方式。其结构严谨,效果直观,一张表格可以代替许多说明文字。

　　文档中的表格还可以当作数据库,可进行简单的操作,例如数据的添加、检索、分类、排序等,这些操作管理文档表格提供了很大的方便,简化了表格处理工作。熟练地运用文档中数据库的操作,可以提高表格处理能力和工作效率。

4.3.1　创建表格

　　WPS 文字具有功能强大的表格制作功能。其所见即所得的工作方式使表格制作更加方便、快捷,可以完全满足制作中式复杂表格的要求,并且能对表格中的数据进行较为复杂的计算。

　　WPS 文字中的表格在文字处理操作中有着举足轻重的作用。表格排版与文本排版既有许多相似之处,又各具特色,利用 WPS 文字的表格排版功能能够处理复杂的、有规则的文本排版,大大简化了排版操作。

　　表格可视为由不同行列的单元格组成,在其中不但可以填写文字,插入图片,还可以将表格的内容按列对齐,对数字进行排序和计算;此外,可利用表格创建引人入胜的页面版式,排列文本和图形等内容。

1. 创建表格

　　WPS 文字创建表格的方法有多种,下面仅介绍两种方法。

　　方法 1:将光标移到要插入的位置,在"插入"选项卡中单击"表格"按钮,在下拉菜单中按住鼠标并拖动,得到所需的表格行和列格数,如图 4-38 所示。

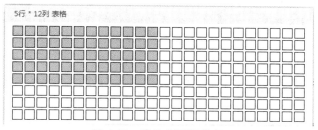

图 4-38　表格行列数选择

方法 2：在"插入"选项卡中的"表格"按钮，在下拉菜单中选中"插入表格"选项，在弹出的"插入表格"对话框内设定列数和行数，如图 4-39 所示。

2. 绘制表格

使用"绘制表格"工具可以创建不规则的复杂表格。使用鼠标灵活地绘制不同高度以及每行列数不同的表格，其方法如下。

图 4-39　"插入表格"对话框

（1）在"插入"选项卡中单击"表格"按钮，在下拉菜单中选中"绘制表格"选项，这时光标会变成笔的形状。用光标来进行表格的绘制。

（2）按住鼠标左键并在文档中拖动，即可自由绘制表格，系统会自动根据用户拖动鼠标光标的方位创建表格。

（3）如果需要擦除表格线，可以在"表格样式"选项卡中单击"擦除"按钮，此时鼠标光标变为橡皮擦形状。单击需要擦除的线条即可擦除表格线。再次单击"擦除"按钮，即可擦除状态。

4.3.2　编辑表格

WPS 文字为用户提供了修改表格的工具，例如增加、删除表格的行、列及单元格，合并和拆分单元格等。

使用键盘可以快速增加、删除表格。

（1）如果要在表格的后面增加一行，首先将光标移到表格结尾行的最后一个单元格，然后按 Tab 键。

（2）如果要在位于文档开始的表格前增加一行正文，可以将光标移到表格第 1 行的第 1 个单元格，然后按 Enter 键。

（3）把光标移到该表格所在行最右边单元格的表线外，然后按 Enter 键，可以在当前的单元格下面增加一行单元格。

（4）如果要删除表格的行或列，可以选择要删除的行或列，然后按 Ctrl＋X 组合键或 Backspace 键。

1. 拆分、合并表格

使用合并表格功能可使某几个表格合并在一起，具体步骤如下。

（1）合并上下两个表格。只要删除上下两个表格之间的内容或回车符即可。

（2）将一个表格拆分为上、下两部分的表格。先将光标置于拆分后第 2 个表格首行的任意位置上，然后在"表格工具"选项卡中单击"拆分表格"按钮，或者按 Ctrl＋Shift＋Enter 组合键，即可拆分表格，拆分表格前后的效果如图 4-40 和图 4-41 所示。

📖提示：在 WPS 文字完成表格的拆分后，经过仔细观察，发现产生一些变化。第一，分为两个表格分隔后的相邻间隔线明显变粗，主要原因，该位置是两个表格边界线的重合位置，并不是表格线的粗度增加了，而是两根线叠加的效果；第二，表格选取符号⊞，发生了变化。图 4-40 所示的表格还是一个整体，因此选取符号位于这个表格的左上方，而图 4-41 所示表格的选取符号位置发生了变化，明显下 3 行已经成为新的表格，可以单独进行选取了。

登金陵凤凰台	
李白	
凤凰台上凤凰游，	凤去台空江自流。
吴宫花草埋幽径，	晋代衣冠成古丘。
三山半落青天外，	二水中分白鹭洲。
总为浮云能蔽日，	长安不见使人愁。

图 4-40　拆分表格前

登金陵凤凰台	
李白	
凤凰台上凤凰游，	凤去台空江自流。
吴宫花草埋幽径，	晋代衣冠成古丘。
三山半落青天外，	二水中分白鹭洲。
总为浮云能蔽日，	长安不见使人愁。

图 4-41　拆分表格后

2. 合并和拆分单元格

（1）合并单元格。首先选中需要合并的单元格，然后在"表格工具"选项卡的单击"合并单元格"按钮，进行单元格的合并；也可以右击表格，在弹出的快捷菜单中选中"合并单元格"选项，对单元格进行合并。

（2）拆分单元格。先选中要拆分的单元格，然后在"表格工具"选项卡中单击"拆分单元格"按钮将单元格拆分；也可以右击单元格，在弹出的快捷菜单中选中"拆分单元格"选项，打开"拆分单元格"对话框。在这个对话框中选择要拆分的行与列数，单击"确定"按钮，对单元格进行拆分。

如果要选择多个单元格，可以在"拆分单元格"对话框中，选中"拆分前合并单元格"选项，就可以得到平均拆分的效果。

如果要拆分或合并较为复杂的单元格，可以在"表格工具"选项卡中单击"绘制表格"按钮和"擦除"按钮，然后在表格中需要的位置添加或擦除表格线，同样也可以拆分、合并单元格。

3. 表头的跨页设置

在制作表格时，需要绘制表头，如果一个表格行数很多，就可能跨页，需要在后继各页重复表格标题，虽然使用复制、粘贴的方法可以给每一页都加上相同的表头，但显然这不是最佳选择，因为一旦串页，粘贴的表头位置就会发生变化。此外，表头的修改也需要逐个修改。下面介绍两种简单、方便的方法。

方法 1：选择组成表头的全部内容后，在"表格工具"选项卡中单击"标题行重复"按钮，即可实现在每页上生成一个相同表头。

注意：只有第一页上的表头才可以修改，并且第一页上的表头在修改后，以后各页都会自动随之改变,如果在文档中插入了换页符,则在下一页就不会出现重复标题。

📖提示:重复表格标题只有在"页面视图"状态下才可见。

方法 2:在"表格工具"选项卡的"数据"组中单击"属性"按钮,在弹出的"表格属性"对话框中选中"行"选项卡中的"在各页顶端以标题行形式重复出现"复选框,如图 4-42 所示。

图 4-42 设置重复标题

📖提示:通常情况下,WPS 文字允许表格行中的文字跨页拆分,因此可能导致表格内容被拆分到不同的页面,从而影响文档的阅读。为了防止表格跨页断行,需要首先选定需要处理的表格,然后在"表格工具"选项卡中单击"表格属性"按钮,在弹出的"表格属性"对话框中取消选中"行"选项卡中的"允许跨页断行"复选框,最后单击"确定"按钮,如图 4-42 所示。此后,表格中的文字就不会再出现跨页断行的情况。

4. 插入行和列

WPS 文字中的表格可在指定位置添加行或列。在"表格工具|布局"选项卡的"行和列"组中有"在上方插入""在下方插入""在左方插入""在右方插入"按钮。其中前两项指定在行的插入位置,后两项指定了列的插入位置。

5. 对齐方式

在 WPS 文字最主要的对齐方式有两种:一种是表格在页面中的对齐方式,另一种是文字在单元格中的对齐方式。WPS 文字中表格在页面中的对齐方式与其他对象以及文字的对齐方式相同,可在 "开始"选项卡"段落"组中设定;文字在单元格中的对齐方式可通过"表格工具"选项卡的"对齐方式"组设定,其中包括水平和垂直两个方向组合出的 9 种对齐方式。

除此之外,该组还包括设置单元格内文字的方向以及设定单元格边距的功能。

6. 表格的格式

下面介绍两种表格格式的设置方式:一种是手动设置表格的边框和底纹,另一种是套用 WPS 格式。

方法 1:手动设置。表格格式手动设置表格的边框和底纹时,应先选中表格,然后在"表格样式"选项卡中单击"边框"和"底纹"按钮进行设置,底纹的设置方式与第 1 章中介绍的段落的底纹设置是相同的,在此不再赘述。另外,系统为用户提供了绘制表格的接口,在"表格工具"选项卡的"绘图边框"组中可以选择线型、线宽以及颜色,用画笔的形式修饰表格,这部分内容与新建表格用法一样。

方法2:自动套用表格格式。在"表格样式"选项卡中查找合适的样式,另外在样式右端下拉菜单中系统为用户提供了"内置"多种表格样式,同时还为用户提供了修改表格样式、清除样式以及保存新样式的功能,美化后的效果如图4-43所示。

科目 \ 姓名	唐三藏	孙悟空	猪悟能	沙悟净	平均分
计算机基础	82	80	90	92	
体育	90	88	82	80	
高等数学	75	70	83	89	
大学英语	80	75	78	82	
毛泽东思想概论	70	76	80	85	
总成绩					

图4-43　样式美化后表格

7. 绘制斜线表头

斜线表头是表格最常见的一项设置,在WPS文字中内置了该功能,用户在使用时只需通过简单步骤即可快速绘制一个专业的斜线表头,具体操作步骤如下。

(1)选中要绘制斜线表头的单元格。

(2)在"表格样式"选项卡中,单击"绘制斜线表头"按钮。

(3)在弹出的"斜线单元格类型"对话框中选择合适的斜线表头后,单击"确定"按钮,如图4-44所示。

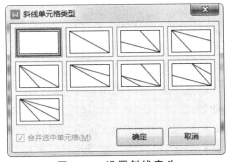

图4-44　设置斜线表头

(4)斜线表头绘制完成后,直接单击该表头的文档区域输入相关内容即可。

4.3.3　表格中的公式计算和排序

1. 公式

表格中的数据往往和计算有密切的联系,WPS文字提供了比较简单的四则运算和函数运算工具。WPS文字的表格计算功能在表格项的定义方式、公式的定义方法、有关函数的格式及参数、表格的运算方式等方面都与电子表格基本是一致的。

为了便于引用单元格,WPS文字为每个引用设置了编号,表格的行号是1、2、3、4……

列号是 A、B、C、D……这样单元格就根据它的列号和行号来引用,列号在前,行号在后,例如第 3 列第 2 行交叉点的单元格就是 C2,计算公式中经常用到单元格的形式。例如,某单元格"=(A5+B3)*2"即表示第 1 列的第 5 行的值加第 2 列的第 3 行的值然后乘以 2,利用函数可使公式更为简单,例如,"=SUM(B2:B100)"表示求出从第 2 列第 2 行到第 2 列第 100 行之间的数值总和。

📖**提示**:在对一列数值求和时,光标要放在此列数据最下端的单元格而不能放在上端的单元格上;在对一行数据求和时,光标要放在此行数据最右端的单元格而不能放在左端的单元格上,当求和单元格的左方或上方表格中都有数据时,列求和优先级较高。

WPS 文字的计算公式是由等号、运算符号、函数以及数字、单元格地址所表示的数值、单元格地址所表示的数值范围、指代数字的书签、结果为数字的域的任意组合组成的表达式。该表达式可引用表格中的数值和函数的返回值。

表格中使用公式的方法是,将光标定位在要记录结果的单元格中,在"表格工具|布局"

图 4-45 "公式"对话框

选项卡的"数据"组中单击"公式"按钮 𝑓𝑥,弹出如图 4-45 所示的"公式"对话框后,在"="后面输入运算公式,单击"确定"按钮。弹出的"公式"对话框中有以下设置。

(1)"公式"文本框中输入正确的公式。

(2)"数字格式"下拉列表框中选择计算结果的表示格式(例如,结果需要保留 2 位小数,则选择"0.00")。

(3)"粘贴函数"下拉列表框中选择所需的函数粘贴于公式之中。

(4)"表格范围"下拉框包括"LEFT""RIGHT" "ABOVE""BELOW"4 个,用于公式计算时默认的选择计算范围。

下面以一个 5 行 4 列的表格为例,对 WPS 文字中表格的单元格做一些补充说明。

(1)要在函数中引用的单元格之间用","分隔。例如,求 A1、B2 及 A3 三者之和,公式为"=SUM(A1,B2,A3)"或"=A1+B2+A3"。

(2)如果需要引用的单元格相连为一个矩形区域,则不必一一罗列单元格,此时可表示为"首单元格:尾单元格"。如公式"=SUM(A1:B2)"表示以 A1 为开始、以 B2 为结束的矩形区域中所有单元格之和,效果等同于公式"=SUM(A1,A2,B1,B2)"。

(3)有两种方法可表示整行或整列。如第 2 行可表示为"A2:D2"或"2:2";同理,第 2 列可表示为"B1:B5"或"B:B"。需要注意的是,用 2:2 表示行,当表格中添加一列后,计算将包括新增的列;而用 A2:D2 表示一行时,当表格中添加一列后,计算只包括新表格的 A2、B2、C2 以及 D2 等 4 个单元格。整列的引用同理。

📖**提示**:

① WPS 文字中多页的表格在引用单元格过程中,可将其当作一个"很长"的表格来操作。

② 假如单元格的数值为 0,填入 0 或不填都不会影响公式的计算结果。

③ 单元格内容为文字的,在计算过程中取其值为 0,但是如果文字是以阿拉伯数字开头的,取值为开头的数字。例如,单元格中内容为"二〇〇八年北京奥运会",则取值为 0;若单

元格中内容为"2008 年北京奥运会",则取值为 2008。

④ 单元格计算公式中的","""："和"（）"等应为英文半角。如果在中文输入状态下编辑公式,很容易导致公式语法错误。

2．排序

当表格中处理的数据需要排序时,就用到 WPS 文字的表格数据排序功能。具体操作方法如下。

（1）首先选中用来排序的行,然后在"表格工具"选项卡中单击"排序"按钮。

（2）在弹出的"排序"对话框中选择"主要关键字""类型""升序"还是"降序";如果记录行较多,还可以对次要关键字和第三关键字进行排序设置。

（3）根据排序表格中有无标题行选择下方的"有标题行"或"无标题行"单选按钮。

（4）单击"确定"按钮,各行顺序将按照排序列结果相应调整。

4.3.4　文本和表格的互换

处理文字和表格是 WPS 文字最重要的两个功能,在实际应用过程中,有时需要将表格中的内容转换为文本,有时又需要将文本转换为表格。WPS 文字可以实现表格和文本的相互转换。

1．表格转换为文本

要将文本转换为表格,首先需要用相同符号分隔文本中的相关文字,被分隔的文字将被填充到转换后表格的相关单元格中,可以选用的符号有段落标记、空格、制表符、英文状态下的半角逗号等,方法如下。

（1）选中要转换的表格,如图 4-46 所示。

（2）单击"插入"选项卡中的"表格"按钮,从弹出的下拉菜单中选中"表格转换成文本"选项,弹出"表格转换成文本"对话框。

（3）从"文字分隔符"栏中选择需要转换后文本的文字分隔符类型,如图 4-47 所示。

登金陵凤凰台	
李白	
凤凰台上凤凰游,	凤去台空江自流。
吴宫花草埋幽径,	晋代衣冠成古丘。
三山半落青天外,	二水中分白鹭洲。
总为浮云能蔽日,	长安不见使人愁。

图 4-46　要转换的表格

图 4-47　"表格转换成
文本"对话框

2．文本转换为表格

将文本转换为表格时,需要在文本中设置分隔符,具体操作步骤如下。

（1）输入文本,并在希望分隔的位置输入分隔符,分隔符可以采用空格、逗号、分号等可以输入的任意标点符号,本文案例中添加在每行两句诗中间添加制表位作为间隔。

（2）选中需要转换为表格的文字，在"插入"选项卡中单击"表格"按钮，从下拉菜单中选中"文本转换成表格"选项，在弹出的"将文字转换成表格"对话框中首先选中希望的文字分隔位置符号，然后在"表格尺寸"栏中设置"列数"和"行数"，最后单击"确定"按钮，如图 4-48 所示。

图 4-48 "将文字文本转换成表格"对话框

（3）生成的表格如图 4-49 所示。

登金陵凤凰台	
李白	
凤凰台上凤凰游，	凤去台空江自流。
吴宫花草埋幽径，	晋代衣冠成古丘。
三山半落青天外，	二水中分白鹭洲。
总为浮云能蔽日，	长安不见使人愁。

图 4-49 将文字文本转换成的表格

（4）第一行和第二行为标题合作者，需要将第一行和第二行分别进行合并单元格。

📖提示：文字分隔位置就是将表格转换为文字后不同单元格文字之间的分隔符号。

案例 4.3 创建学生成绩表。创建一个如图 4-50 所示的表格，要求完成如下任务。

科目＼姓名	唐三藏	孙悟空	猪悟能	沙悟净	平均分
计算机基础	82	80	90	92	86.00
体育	90	88	82	80	85.00
高等教学	75	70	83	89	79.25
大学英语	80	75	78	82	78.75
毛泽东思想概论	70	76	80	85	77.75
总成绩	397	389	413	428	

图 4-50 表格

任务 1：创建 7 行 6 列的表格，输入行标题列标题，并输入各自对应的分数。

任务 2：绘制斜线表头。

任务 3：为表格添加表样式"主题样式 1-强调 1"。

任务 4：为表格添加公式,计算平均分和总成绩。

任务 5：为表格前 6 行排序,关键字为平均分,降序排列。

案例实现方法如下。

任务 1 实现方法。

在"插入"选项卡中单击"表格"按钮,按住鼠标在下拉菜单中拖出 7 行 6 列后松开,创建表格,参照图 4-49 所示输入表中数据。在对应单元格内输入每个人的分数。

任务 2 实现方法。

① 选中表格中右上角的单元格,在"表格样式"选项卡中单击"边框"按钮,在下拉菜单中选中"边框和底纹"选项。

② 在弹出的"边框和底纹"对话框中首先设置线型为"实线""黑色""1 磅",然后单击右侧"预览"区右下角的斜线按钮 ,最后单击"确定"按钮,如图 4-51 所示。

图 4-51　设定斜线表头

任务 3 实现方法。在"表格工具"选项卡中选择"推荐"-"主题样式 1-强调 5"样式。

任务 4 实现方法。

① 将光标置于 F2 单元格内,然后在"表格工具"选项卡中单击"公式"按钮,在弹出的"公式"对话框的"公式"文本框中输入"=AVERAGE(B2:E2)",同时设定"数字格式"为保留两位小数,单击"确定"按钮,如图 2-43 所示。

② 将光标分别置于 F3、F4、F5 和 F6 单元内,重复如上所作操作。

③ 将光标置于 B7 单元格内,在"表格工具"选项卡中单击"公式"按钮,弹出"公式"对话框,在"公式"文本框中输入"=SUM(B2:B6)",如图 4-52 所示,单击"确定"按钮。将光标分别置于 B8、B9 和 B10 内,进行对应的计算。

任务 5 实现方法。选定表格中的前 2～6 行,在"表格工具"选项卡中单击"排序"按钮,

图 4-52　公式的计算

在弹出的"排序"对话框中,将设置"主关键字"为"平均分","类型"为"数字",选中"降序"单选按钮,在"列表"栏选中"有标题行"单选按钮,如图 4-53 所示。

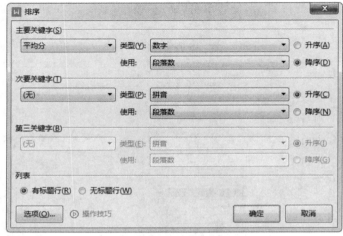

图 4-53　"排序"对话框

📖提示:WPS 文字中的表格主要目的是呈现,便于用户的查看和理解,表格计算不是其重要功能,表格计算的方法和排序与 WPS 表格的用法基本相同,但是其功能和便捷性差了很多,不可同日而语,因此表格计算会在第三篇详细介绍。

第5章 综合应用

5.1 文档窗口视图

文档视图是在用户查阅文档时,该文档在计算机中呈现视图模式和文档版式展现效果的总称。为了满足文档不同场景中的审阅要求,WPS文字中提供了多种视图模式,例如页面视图、Web版式、大纲视图、阅读版式、护眼模式等。根据不同视图模式的特点,为不同的文档选择适当的视图模式,以便方便地浏览及编辑文档。通常情况下,文档编辑时默认为"页面视图"模式。

1. 视图模式

(1) Web版式。以网页形式查看文档。在"视图"选项卡的"文档视图"组中单击"Web版式"按钮即可。直接按Esc键即可退出该模式。当文档需要在网页上展示时,可以利用该视图模式查看展示效果。

(2) 阅读版式。进入该模式后,文档将自动锁定,虽然限制输入,但是用户可在文档中进行复制、标注以及突出显示设置、查找和目录导航等操作,具体操作步骤如下。

① 在"视图"选项卡中,单击"阅读版式"按钮,界面变成如图5-1所示的状态。

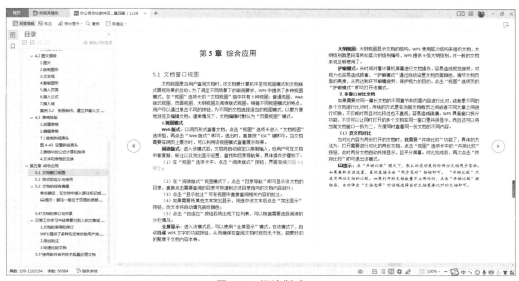

图 5-1 阅读版式

② 在"阅读版式"视图模式下,单击"目录导航"按钮即可显示该文档的目录,直接单击需要查阅的目录即可快速到达该目录指向的文档内容部分。

③ 单击"批注"按钮,可在视图中直接查阅相关内容的批注。

④ 如果需要将某些文本突出显示,则选中该文本后单击"突出显示"按钮,该文本将自

动填充底纹颜色。

⑤ 单击"自适应"按钮,在出现的下拉列表中,可以根据需要选择阅读的分栏情况。

(3)全屏显示。进入该模式后,可以使用"全屏显示"模式。在该模式下,自动隐藏WPS 文字的功能按钮,从而确保在查阅文档时视觉无干扰,使注意力能更好地集中在文档内容本身。

(4)大纲视图。大纲视图可以显示文档的结构。WPS 文字使用层次结构进行文档组织,大纲的级别就是段落所处层次的级别编号,WPS 文字提供了 9 级大纲级别,对一般的文档足够使用。

(5)护眼模式。长时间对着计算机屏幕进行文档操作,容易造成视觉疲劳,对视力也容易造成损害。"护眼模式"是通过自动设置文档页面颜色和亮度,达到缓解眼睛疲劳、保护视力的目的。在"视图"选项卡中单击"护眼模式"按钮,即可打开该模式。

2. 多窗口对比文档

如果需要对同一篇长文档的不同章节和页面内容或者是不同的多个文档进行比对,传统的方式是在当前文档每页之间或者不同文章之间进行切换,不仅耗时而且也不直观,容易造成疏漏。WPS 文字具备窗口拆分功能,不仅可以让同时打开的多个文档在同一窗口里并排显示,而且还可以将当前文档窗口一拆为二,方便同时查看同一份文档的不同内容。

(1)双文档对比。当对比两份打开的文档内容时,就需要使用"并排比较"功能,具体的方法为,打开需要进行对比的两份文档,在"视图"选项卡中单击"并排比较"按钮,此时两份文档在屏幕中自动并排显示,如图 5-2 所示。对比完成后,再次单击"并排比较"按钮即可退出该模式。

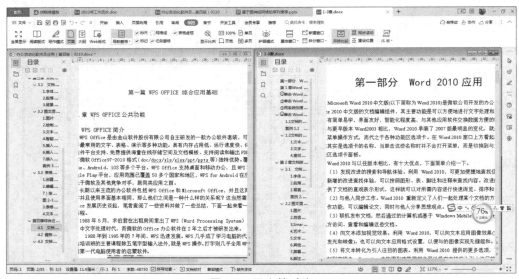

图 5-2　双文档对比

📖**提示**:在"并排比较"模式下,默认的滚动鼠标使两份文档同步滚动。如果要取消该设置,直接单击"同步滚动"按钮即可。"并排比较"只适用两份文档的比较。如果打开的文档数量不止两份时,单击"并排比较"按钮后,自动弹出"文档选择"对话框选择当前文档需要比对的文档即可。

（2）多文档对比。当对比的文档超过两份时，就需要通过多窗口实现多文档对比，具体的操作步骤如下：打开需要对比的多个文档，在"视图"选项卡中单击"重排窗口"按钮，在弹出的下拉菜单中可选中"水平平铺""垂直平铺""层叠"模式，对比完成后，单击任意文档的"最大化"按钮，即可退出该模式，返回正常模式。

📖提示：在"重排窗口"模式下，每份文档依然保持独立性，可以独立进行文档编辑，在翻页时，其他文档不会同步翻页。

（3）窗口拆分。通常情况下，对同一份文档的不同部分之间进行对比常采用滑动页面实现，操作烦琐，WPS 文字的窗口拆分功能能够有效解决这一问题。具体的操作步骤如下：打开需要比对的文档，在"视图"选项卡中单击"拆分窗口"按钮，在下拉菜单中可选择拆分模式，文档会自动拆分为两部分，同时"拆分窗口"按钮也会变为"取消拆分"按钮。对比完成后，单击"取消拆分"按钮即可恢复为一份文档。

📖提示：在默认状态下，"拆分窗口"是"水平排列"方式，拆分后，两窗口虽然不会同步滚动，但是实际上操作的是同一份文档，因此当其中一个窗口中进行文档更新时，另一个窗口文档也会同步更新。

3. 创建大纲

创建大纲的步骤如下。

（1）在"视图"选项卡的"文档视图"组中单击"大纲视图"按钮，会弹出"大纲"选项卡，同时系统切换到大纲视图模式，如图 5-3 所示。

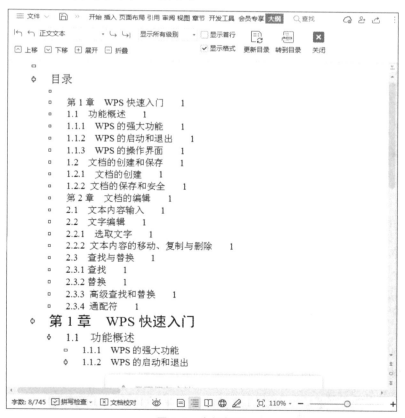

图 5-3　大纲视图

（2）将插入点置于要在目录中显示的第一个标题中。

（3）在"大纲"选项卡上，单击打开"大纲级别"下拉列表框，为此标题选择一个大纲级别。

（4）对希望包含在目录中的每个标题重复进行步骤（2）和步骤（3）。

📖**提示**：切换到大纲视图后，进行指定大纲级别的操作，可以非常直观地看到变化过程。

在大纲视图的左侧是导航窗格，用于显示当前文档的结构。

以前，在编辑几十页，甚至上百页的超长文档时，要查看特定的内容，必须双眼紧盯屏幕，然后不断滚动鼠标滚轮或者拖动编辑窗口上的垂直滚动条，用关键字定位或用键盘上的翻页键查找既不方便，也不精确，为了查找文档中的特定内容，常常浪费很多时间。随着新版 WPS 文字的到来，这一切都得到了改观，通过新增的"导航窗格"功能可精确导航。

运行 WPS 文字，在"视图"组中单击"导航窗格"按钮，即可在编辑窗口的左侧打开导航窗格，如图 5-4 所示。

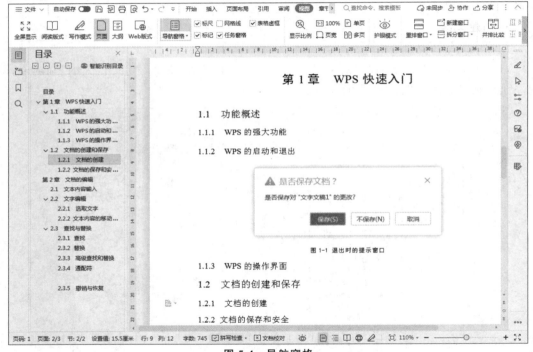

图 5-4　导航窗格

WPS 文字的导航分为目录、章节、书签、查找和替换 4 种，让用户轻松查找、定位到想查阅的段落或特定的对象。在上文介绍查找和替换时曾经提及导航是关键字导航。

（1）目录导航。利用文档标题进行导航是最简单的导航方式，使用方法也最简单，打开导航窗格后，将文档导航方式切换到"目录"，WPS 文字会对文档进行智能分析，并将文档标题在导航窗格中列出，只要单击标题，就会自动定位到相关段落，上文中大纲视图中出现的导航就是目录导航。

📖**提示**：目录导航有先决条件，打开的超长文档必须事先设置有标题。如果没有设置标题,就无法用目录导航,而如果文档事先设置了多级标题,导航效果会更好、更精确。

(2) 章节导航。用 WPS 文字编辑文档时会进行自动分页,文档章节导航就是根据文档的默认分页进行导航的,选中导航窗格中的"章节"选项卡,将文档导航方式切换到章节导航,WPS 会在导航窗格上以缩略图的形式列出文档,只要单击分页缩略图,就可以定位到相关页面查阅,如图 5-5 所示。

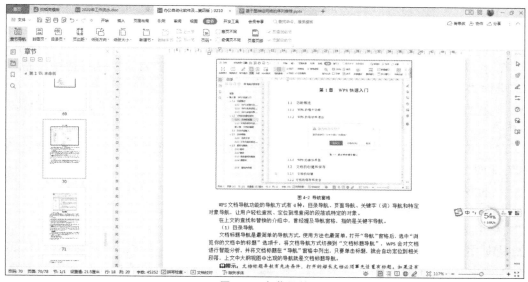

图 5-5　章节导航

(3) 书签导航。在阅读文档时,有些不重要的地方可以跳过,直接跳到重要地方进行查看,这时就需要用到书签功能,它比一般的查找更加实用,这是因为一般的查找只能搜索关键字,而不是整个段落,大大降低了阅读的效率。书签导航的步骤如下。

① 将光标移动到要进行标签的地方,在"插入"选项卡中单击"书签"按钮,弹出"书签"对话框。

② 在"书签名"文本框中输入书签的名称,单击"添加"按钮。

③ 在查找时,按 Ctrl+F 组合键,弹出"查找和替换"对话框,在定位选项卡中将"定位目标"选为"书签",在右侧的下拉菜单中选中要定位的书签名,单击"定位"按钮即可快速移动到该处。

(4) 查找和替换。除了通过文档标题和页面进行导航,WPS 文字还可以通过关键字(词)导航,选中"导航窗格"上的"浏览你当前搜索的结果"选项卡,然后在文本框中输入关键字(词),"导航"窗格上就会列出包含关键字(词)的导航链接,单击这些导航链接,就可以快速定位到文档的相关位置。

提示:WPS 文字提供的 4 种导航方式各有优缺点,目录导航很实用,但是事先必须设置好文档的各级标题才能使用;章节导航很便捷,但是精确度不高,只能定位到相关页面,要查找特定内容不方便;查找与替换和书签导航虽然比较精确,但是如果文档中同一关键字(词)很多,或者相同对象很多,就要进行二次查找。如果能根据自己的实际需要,将几种导航方式结合起来使用,才能发挥更佳效果。

4. 制作目录

目录的作用是列出文档中的各级标题及标题在文档中相应的页码。WPS 文字的目录提取是基于大纲级别和段落样式的,在 Normal 模板中已经提供了内置的级别样式,命名为"1级""2级"……"9级",分别对应大纲级别的1~9。

生成目录主要有3种方式:智能目录、自动目录和自定义目录。

(1)智能目录。当文档中的标题未应用标题样式时,利用智能目录功能可以自动识别正文的目录结构,生成对应级别的目录,避免手动设置的误操作。具体操作步骤如下。

① 将鼠标置于要插入目录的位置。

② 在"引用"选项卡中单击"目录"按钮,在下拉菜单的"智能目录"栏中,选择合适的智能目录样式生成目录即可。

③ 利用智能目录生成的目录,当鼠标置于该目录任意位置时会自动出现"重新识别"按钮,利用此功能,可以实现对目录的更新和修改。

(2)自动目录。WPS 文字的"目录样式库"中提供了常用的目录样式,方便用户创建标准、专业的目录。具体操作步骤如下。

① 将鼠标置于要插入目录的位置。

② 在"引用"选项卡中单击"目录"按钮,在下拉菜单选中"自动目录"选项,在"样式和格式"窗格中选择合适目录样式,即可生成目录。

📖提示:目录创建完成后,单击该目录任意位置,会在目录上方会出现这两个"目录设置"和"更新目录"按钮。单击"目录设置"按钮,可在弹出的"选项中进行目录"的样式更换和删除;单击"更新目录"按钮,可以在弹出的"更新目录"对话框中设置目录更新的应用范围是"只更新页码"还是"更新整个目录"。

(3)自定义目录。当文档的标题定义样式或者"目录样式库"中的样式无法满足用户的排版需求,用户可以采用自定义目录进行设置。

① 将鼠标定位在需要插入目录的位置。

② 在"引用"选项卡中单击"目录"按钮,在下拉菜单选择"自定义目录"选项,弹出的"目录"对话框。

③ 在"目录"对话框中设置目录的"显示级别""页码对齐方式""制表符前导符"。

④ 单击"选项"按钮,打开如图5-6所示的"目录选项"对话框,在"有效样式"栏中设置文档使用的样式和目录级别。

⑤ 设置"显示级别"的数目。一般情况下指定了4级大纲级别,但仅在目录中显示前3级。

⑥ 单击"确定"按钮,在指定位置插入目录。

📖提示:取消选中"样式"选项主要是为了熟悉单纯使用大纲级别创建目录的过程。实际应用中,假如对正文中的标题应用了标题样式,那么标题样式(标题1~标题9)和大纲级别(1级~9级)是一一对应的。例如,对某一标题,应用了标题2,即使没有指定大纲级别,其大纲级别也会自动变为2级。假如对其他样式(如自定义样式)设置了目录级别,则下面的"大纲级别"复选框的选择会自动取消且变为灰色不可选。

📖提示:一般情况下,长文档(例如学位论文)的正文中允许设置4级大纲,而目录中最多只允许显示3级目录,当然这并不是绝对的,而是根据具体论文写作的要求。

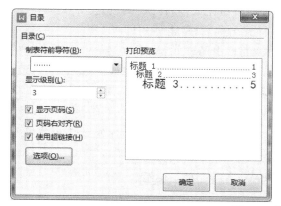

图 5-6　目录

5.2　样式的定义与使用

WPS 文字中的样式是一个非常有用的功能,它可以快速地修改文档的属性,字型、字号、间距等。样式规定了文档中标题、正文等文本元素的格式。用户可以将一种样式应用于某个选定的段落或字符,以使所选定的段落或字符具有这种样式所定义的格式。

应用样式后,用户可以通过选择快速样式集,快速地更改文档的外观以满足以下需求:使用样式有诸多便利之处,它可以帮助用户轻松统一文档的格式;辅助构建文档大纲以使内容更有条理;简化格式的编辑和修改操作。

1. 应用样式

"开始"选项卡中最明显的应用样式和更改样式是样式组。在进行文档编辑时,利用该样式组可以快速地实现样式的设置。

利用"快捷样式库"为某个文本应用样式的具体操作步骤如下。

（1）选中需要应用样式的文本,或者将鼠标定位于需要应用样式的段落中。

（2）在"开始"选项卡中单击"样式"组的下拉按钮,在"预设样式"选项面板中心选择合适的样式。

（3）如果当前的样式不满足用户需要,可以选中"显示更多样式"选项,在文档编辑窗口右侧会弹出"样式和格式"窗格,在其中可进行更多的设置。

📖**提示**：*单击"样式和格式"窗格中的"清除格式"按钮,可清除当前文档中的所有格式,单击格式名称右面的图标按钮从下拉菜单中选中"修改"选项,弹出"修改样式"对话框,通过设置对话框内的相关参数,完成对该样式的修改。*

2. 创建和修改样式

预设样式不是固定不变的。无论是内置样式,还是自定义样式,都可以随时进行修改。创建样式的步骤如下。

（1）在"样式和格式"窗格中单击"新样式"按钮,弹出"新建样式"对话框,或者在"开始"选项卡中单击"样式和格式"下拉按钮,在"预设样式"面板中选中"新建样式"选项,弹出"新建样式"对话框,如图 5-7 所示。

（2）在"新建样式"对话框的"格式"栏设置该样式的格式,在"属性"栏设置"名称""样式类型""样式基于""后续段落样式"等,单击"确定"按钮完成"新样式"的创建。

（3）在应用时,在"开始"选项卡中找到该样式名称后,单击使用即可。

如果是修改现有样式,则右击"样式和格式"面板中的样式,从下拉菜单中选中"修改"选项,弹出"修改样式"对话框,根据需要修改样式中的选项。如果需要更改的选项(如行距、缩进等)没有列出来,可单击"格式"按钮,对需要修改的选项进行设置。

📖提示：只有在某个内置"快速样式集"的原始格式很常用时,才修自身提供的样式。虽然可以恢复原始的样式,但定义不同的名称会更简单,如 Classic Bert,可以将它标识为自己的名称"我的样式1",如图 5-7 所示。

图 5-7　新建样式

5.3　文档的综合编辑

1. 图片和表格的编号

图片的编号通常位于图片的下方居中放置,由编号和题注两部分组成。编号是指该图片在文中所有图片中所在的位置或序号,通常有两种方式,一种是通篇文档采用统一的编号,例如"图 1、图 2 等",另一种是按章节进行编号,例如图 1-1、图 1-2 等;题注是对图片内容的简单解释,是图片不可或缺的部分。

向文档插入图片时,不建议用手工方法进行编号,即按 Enter 键换行,手工输入图片的编号和题注信息,建议采取插入题注的方法完成。

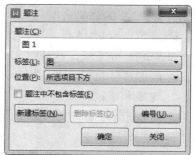

图 5-8　"题注"对话框

当图片插入文档的适当位置之后右击,从弹出的快捷菜单中选中"题注"选项,弹出图 5-8 所示的"题注"对话框。在"题注"栏输入插入后题注的内容,在"标签"下拉列表中选择题注的类型是图表、公式还是表格。在"引用"选项卡中单击"题注"按钮也可以实现这一功能。

虽然通过上面的方法插入题注会麻烦一些,但是如果日后需要在文档中插入新的图片,则新插入的图片编号都会被自动更新。

表格的编号方式和图片大体相似,与图片不同的是,表格的编号和题注通常位于表格的上方。上文中为图片自动添加题注的方式对表格的编号同样有效,不同之处在于设定标签格式时应设为表格。

2. 分隔符

在进行长文档编辑时,不同章节之间通常要插入分页符,也就是说下一章节从当前页的下一页开始,分页符是分隔符的一种。下面简单介绍一下分隔符的种类和使用方法。

在"插入"选项卡的"分页"按钮,在下拉菜单中选中需要的分隔符,其中包括分页符、分栏符、换行符以及几类分节符等。

1)3 种分隔符的区别(在普通视图中可见)

(1) 分页符。分页符是插入文档中的表明一页结束而另一页开始的格式符号。"自动分页"和"手动分页"的区别是在贯穿页面的虚线上有无"分页符"字样(后者有)。

(2) 分节符。分节符为在一节中设置相对独立的格式页插入的标记。

① 下一页分节符。将光标当前位置后的全部内容移到下一页面上的格式符号。

② 连续分节符。将光标当前位置以后的内容将新的设置安排,但其内容不转到下一页,而是从当前空白处开始的格式符号。单栏文档同分段符;多栏文档,可保证分节符前后两部分的内容按多栏方式正确排版。

③ 偶数页/奇数页分节符。光标当前位置以后的内容将会转换到下一个偶数页或奇数页上,WPS 文字会自动在偶数页或奇数页之间空出一页。

(3) 分栏符。分栏符是一种文档的页面格式,将文字分栏排列的格式符号。

2)"分栏符"的使用方法

(1) 若在不同页中选用不同的分栏进行排版,则需要先选中希望分栏的文字,然后在"页面布局"选项卡的"页面设置"组中单击"分栏"按钮,从下拉菜单中选择希望的栏数。

(2) 将光标设定在字符分栏处,然后添加"分栏符"。

📖提示:默认情况下,在进行文档编辑时,WPS 文字会将整个文档视为一节,所有对文档的设置都应用于整篇文档。当利用分节符将文档分成不同的节时,皆可以根据需要进行每节的页面格式设置。

在"插入"选项卡中单击"空白页"按钮,从下拉菜单中选中"横向"选项,WPS 文字将自动在需要插入分节符及横向空白页的位置另起新页插入横向页面。当用户在横向页面编辑完成后,直接换页即可,新页面将保持横向。也可以在需要插入的横向页面的位置插入"下一页分节符",然后在后续页面进行页面设置,更改"纸张方向",以达到同样的效果。

3. 页面设置

页就是文档的一个版面,一个文档要想以最佳的状态呈现给读者,就必须进行适当的页面设置。页面设置主要包括页边距、页面方向、纸张以及网格线设置。

(1) 页边距。设置页边距的操作步骤如下。

① 在"页面布局"选项卡中单击"页边距"按钮,从下拉菜单的"普通""窄""宽""适中"这4 个选项中选择一种。也可以选中"自定义边距"选项,弹出"页面设置"对话框,默认显示的

是"页边距"选项卡,如图 5-9 所示。

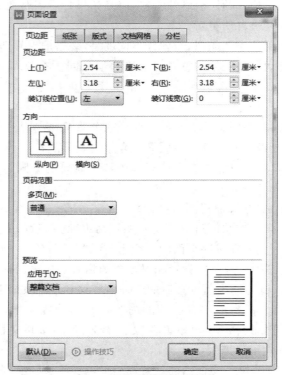

图 5-9 "页面设置"对话框

② 在"页边距"选项卡中设置页面的大小,单击"确定"按钮,完成设置。

📖提示:通常情况下,页边距默认的单位是厘米,可以直接在数值后面填写上合适的单位。

(2)页面方向。文档不同,页面的显示方向也有所不同,可分为横向和纵向两种。页面方向的设置方式很简单,在"页面布局"选项卡的"页面设置"组中单击"纸张方向"按钮,在下拉菜单中选中"横向"或"纵向"选项即可。

(3)纸张设置。WPS 文字支持多种纸张格式。操作步骤如下。

在"页面布局"选项卡的"页面设置"组中单击"纸张大小"按钮,在下拉菜单中选择纸张的大小。也可以选中下拉菜单中的"其他页面大小"选项,弹出"页面设置"对话框。在"纸张"选项卡中可以进行设置,如图 5-10 所示。此外,可以通过设定宽度和高度进行页面大小的任意设定。

(4)网格线。在阅读文档时,若文字密集会使阅读费力,因此需要调整文字的密集程度。通常情况下,采用增大字号的办法外,也可以在页面设置中调整字与字、行与行之间的间距,即使不增大字号,也能使内容看起来更清晰。

在"页面布局"选项卡中单击"页边距"组的对话框启动按钮,在弹出的"页面设置"对话框,如图 5-11 所示。

在"文档网格"选项卡中选中"指定行和字符网格"单选按钮,"字符数"默认为每行 39 字符,可以适当减小,例如改为每行 37 字符。同样,在"行"的设置中,默认为每页 44 行,可以

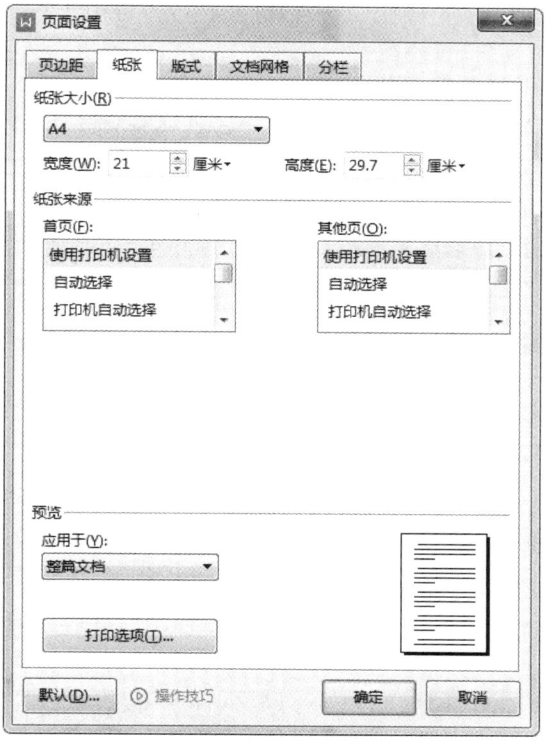

图 5-10 “纸张”选项卡

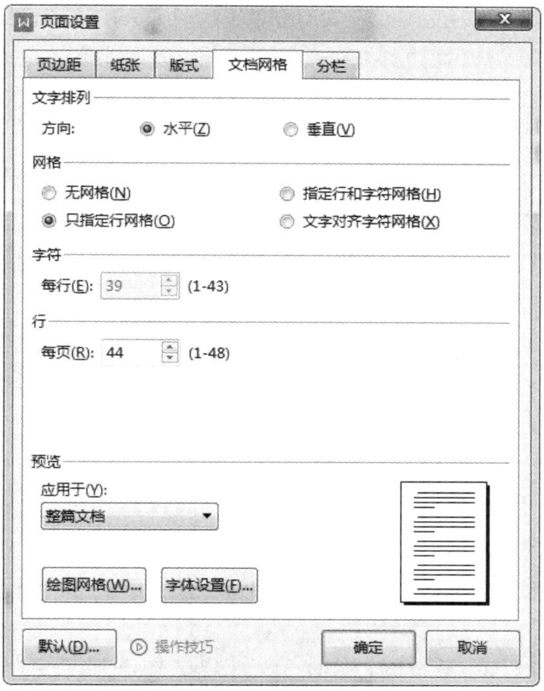

图 5-11 “文档网格”选项卡

适当减小,例如改为每页 42 行。这样,文字的排列就均匀清晰了。

4. 页眉和页脚

页眉和页脚是文档中每个页面的顶部、底部和两侧页边距(即页面上打印区域之外的空白空间)中的区域,可以在页眉和页脚中插入或更改文本或图形。例如,添加页码、时间和日期、公司徽标、文档标题、文件名或作者姓名。

(1)设定页眉和页脚。操作步骤如下。

在"插入"选项卡中单击"页眉页脚"按钮,并在弹出的"页眉页脚"选项卡中进行设置,如图 5-12 所示。

图 5-12 "页眉页脚"选项卡

WPS 文字提供了丰富的页眉页脚预设样式,可以通过"格式和样式"窗格中选择合适的样式进行应用,单击"页眉横线"按钮,从下拉菜单中选择合适的横线效果。

也可以选中页眉或者页脚,然后进行页眉页脚的设置。

(2)创建首页不同的页眉页脚。文档首页需要与其他页区分时,就需要创建不同的页眉页脚。

具体方法为单击"页眉页脚"选项卡的"页眉页脚选项"按钮,弹出"页眉/页脚设置"对话框,选中"首页不同"复选框,单击"确定"按钮,文档首页中原先定义的页眉和页脚会被删除,用户可根据需要在首页中另行设置页眉和页脚。

(3)为奇数页和偶数页创建不同的页眉和页脚。很多时候文档的奇数页和偶数页需要设置不同的页眉和页脚。可以通过设置"奇偶页不同"选项实现。主题方式如下。

① 双击文档中的页眉或者页脚区域,弹出"页眉页脚"选项卡,也可以在"插入"选项卡中单击"页眉页脚"按钮,打开"页眉页脚"选项卡。

② 在"页眉页脚"选项卡中单击"页眉页脚选项"按钮,弹出"页眉/页脚设置"对话框,选中"奇偶页不同"复选框,如图 5-13 所示。

③ 分别在奇数页和偶数页的页眉和页脚上输入内容,创建不同的页眉和页脚。

📖提示:在"页眉页脚"选项卡中提供了页眉和页脚的快捷导航功能组,单击"页眉页脚切换"按钮,可以在当前页面的页眉区域和页脚区域之间切换,如果文档已经进行过分节设置或者设置为"奇偶页不同",可以通过单击"显示前一项"或"显示后一项"按钮快速定位到下一节的页眉和页脚。

5. 脚注和尾注

脚注和尾注一般用于在文档和书籍中显示引用资料的来源,或者用于输入说明或补充的信息。在同一个文档中既可以有脚注,又可以有尾注。一般情况下,脚注是对某一页中有关内容的解释,常放在该页的底部;尾注常用来标明引文的出处或对文档内容的详细解释,一般放在文档的最后。

脚注和尾注都分为两部分:"注释标记"(一般以上标的形式紧跟在要注释的内容后面)和"标记所指的注释内容"(置于注释标记所在当页的下面或文尾)。可使用 Ctrl+Alt+F 组合键和 Ctrl+Alt+E 组合键插入脚注和尾注。

图 5-13 "页眉/页脚设置"对话框

脚注和尾注的插入方法如下。

① 将插入点定位于要插入脚注标记或尾注标记的位置。

② 单击"引用"选项卡"脚注和尾注"组的对话框启动按钮,弹出"脚注和尾注"对话框。

③ 在"脚注和尾注"对话框的"位置"栏中可选择在文档中是添加脚注还是尾注,如图 5-14 所示。

④ 在"格式"下拉列表中确定文档的编号方式、编号格式。若选择自定义标记,则可以输入作为注释标记的字符,或在单击"符号"按钮后,在弹出的"符号"对话框中选择一个符号作为自定义的注释标记。

单击"确定"按钮,在文档中插入脚注标记或尾注标记,如果是前者,插入点自动移到当页底部,用户可输入注释内容;如果是后者,插入点自动移到文档尾部,可输入注释内容。

图 5-14 "脚注和尾注"对话框

📖提示:脚注一般位于页面的底部,可以作为文档某处内容的注释;尾注一般位于文档的末尾,列出引文的出处等,如图 5-15 所示。

6. 打印设置

打印文档时通常会根据要求进行一些参数设置。在"文件"菜单中选中"打印"选项,弹出"打印"对话框,右侧显示打印页面的预览窗口。

打印设置部分包括打印的份数、打印机的名称、打印页的设定以及页面的设定。

"页码范围"文本框用于设定打印的范围,可以输入连续的页面,也可以输入非连续的页面范围。当打印部分页码时,填入要打印的页码,每两个页码之间加一个半角的逗号",",连续的页码之间加一个半角的连字符"_"即可;也可以选中"当前页"单选按钮,只打印当前页,

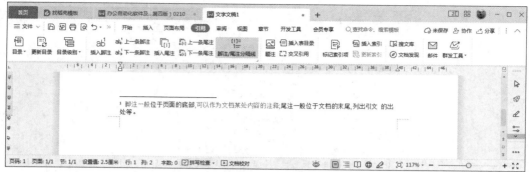

图 5-15　脚注实例

如图 5-16 所示。

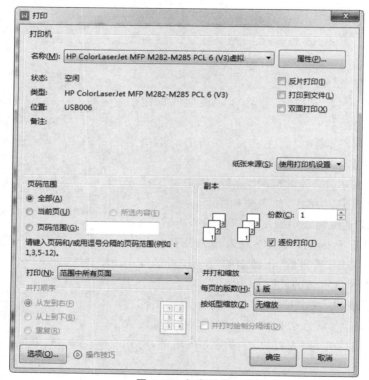

图 5-16　打印设置

一般情况下,在打印之前应先预览打印的内容。预览可以多页同时显示,也可只显示单页。可以通过调整屏幕右下方的显示比例尺调整页面的数量,比例越小显示的页面越多。如果对预览的效果感到满意,直接单击"打印预览"选项卡中的"直接打印"按钮,把文档打印出来。

使用 Ctrl+P 组合键也可以打开"打印"对话框。在"调整"对话框内,可以设置文档是否按份打印,如果选中"逐份打印"复选框,则文档在打印时将从第一页打印到最后一页后再开始打印第二份,否则在打印时 WPS 文字会把一页设置的份数打印完以后再打印下一页。

一般情况下,长文档的编辑不会太多。下面以论文的编辑为例,介绍一些技巧和常识。

案例 5.1 论文的编辑。对论文进行文字编辑,要求完成如下任务。

任务 1:创建一个名为"教材"的文档,输入如图 5-17(b)所示的内容,并在对应位置插入图片。

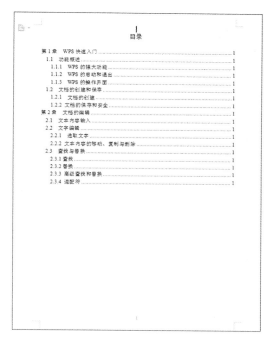

(a) 目录

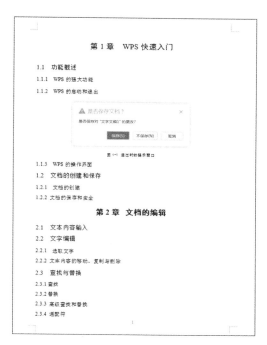

(b) 正文

图 5-17 长文档的页面

任务 2:在大纲视图下,将文中第 1 章、第 2 章设定的目录级别为 1 级,与 1.1 相似标题的目录级别设定为 2 级,与 1.1.1 相似标题的目录级别设定为 3 级。

任务 3:根据设定的目录级别,为文档添加目录。

任务 4:为文档添加图片编号。

任务 5:为文档添加页码,页码起始页从正文开始。

案例实现方法如下。

任务 1 实现方法。创建一个名为"教材"的文档,输入如图 5-17(b)所示的内容,并在对应位置插入图片。(操作略)

任务 2 实现方法。

① 在"视图"选项卡的"文档视图"组中单击"大纲"按钮。

② 选中文本"第 1 章 WPS 快速入门",然后在"大纲"选项卡"大纲级别"下拉列表框中选中"1 级"。

③ 选中文本"1.1 功能概述",然后在同样的位置选择"2 级";选中文本"1.1.1 WPS 的强大功能",然后在同样的位置选择"3 级"。

④ 依次选中文中对应的标题并设置对应的大纲级别。

任务 3 实现方法。

① 将光标置于正文的前面,在"引用"选项卡中单击"目录"按钮,在下拉菜单中选中"自

定义目录"选项。

② 在弹出的"目录"窗格中将"显示级别"设置为"3"。

任务 4 实现方法。

① 右击图片,从弹出的快捷菜单中选中"题注"选项,在弹出的"题注"对话框中,单击"新建标签"按钮,在弹出的"新建标签"对话框中输入"图 1-"。

② 单击"确定"按钮,在"标签"下拉列表框中选择"图 1-"。

③ 然后在"题注"输入框内继续输入使其文本成为"图 1-1 退出时的提示窗口",单击"确定"按钮,设置完毕。

任务 5 实现方法。

① 在为文档添加页码时,页码一般是从正文开始的,对于图书,页码应该从正文中的第 1 章开始,所以在为文档添加页码之前,首先应该对文档分节,也就是在目录后添加分节符,这样前后两部分内容可以分别独立的编辑页码。

② 将光标置于目录页的最后,在"页面布局"选项卡的"页面设置"组中单击"分隔符"按钮,在下拉菜单中选中"下一页"分节符选项。

③ 在"插入"选项卡的"页眉和页脚"组中单击"页码"按钮,从下拉菜单中选中"页脚"|"页脚外侧"命令。

④ 在下拉菜单中选中"页码"选项,在弹出的"页面"对话框中选中"起始页码"单选按钮,并将其设定为"1",如图 5-18 所示。

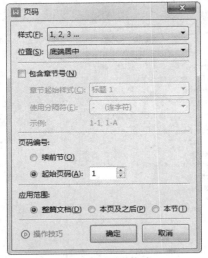

图 5-18 页码格式

*5.4 文档的修订与共享

在日常的工作和学习中,经常要对他人的文章或报告进行审阅或修订,以及查看别人对自己文章或报告的修订意见,这时就需要用到 WPS 文字的修订功能,即采用指定颜色标记修订的内容,便于他人查看修改的结果;如果文档供多人共享编辑,则可以显示修改者,以及接受或者拒绝修改,等等。

5.4.1 文档的审阅和修订

WPS 文字提供了多种方式来协助完成文档审阅。通过全新的审阅窗格可快速对比、查看、合并同一文档的多个修订版本。

1. 使用修订标记

为了对审阅过程中提出的意见或者建议做出明确的标识,WPS 文字提供了审阅修订模式。在这一模式下可添加修订标记。WPS 文字会将跟踪文档中所有内容的变化以及在当前文档中修改、删除、插入的每一项内容全部记录下来。

打开要审阅的文档,在"审阅"选项卡中单击"修订"按钮,即可进入修订状态,如图 5-19所示。在修订状态下,在文档中插入的内容会通过颜色和下画线做出标记,而删除的内容则依旧保留在源文档中,并为其添加了删除线。

图 5-19 "审阅"选项卡

2. 更改修订标记

在审阅和修订多个文档时,如果需要多人对同一文档进行修订,并且需要明确每人修订的内容,可通过不同的颜色区分各自的修订内容,从而避免混乱。WPS 文字对修改标记有默认设定,也允许用户对修订内容的样式进行自定义设置,具体的方法如下。

① 在"审阅"选项卡中单击"修订"按钮,从下拉菜单中选中"修订选项"选项,打开"选项"对话框,如图 5-20 所示。

图 5-20 "选项"对话框

② 根据习惯和文档修订的要求在"选项"对话框的"修订"选项卡中对"标记""批注框""打印"进行设置。

3. 设置修订标记和显示状态

用户可以根据自己的要求对文档标记和显示状态进行相关设置。

① 设置修订显示状态。文档的修订显示状态包括"显示标记的最终状态""最终状态""现实标记的原始状态""原始状态"。在"审阅"选项卡的"修订状态"下拉列表中选择一种方式即可,如图 5-21 所示。

图 5-21　修订的不同显示状态

② 更改修订者名称。在"审阅"选项卡中单击"修订"按钮,从下拉菜单中选中"更改用户名"选项,在弹出的"选项"对话框的"用户信息"选项卡的"姓名"栏中输入新用户名即可。

③ 设置显示标记。用户可以根据文档修订需要添加或减少显示的标记项目。在"审阅"选项卡中单击"显示标记"按钮,从如图 5-22 所示的下拉列表中选中显示的修订标记类型以及显示方式。

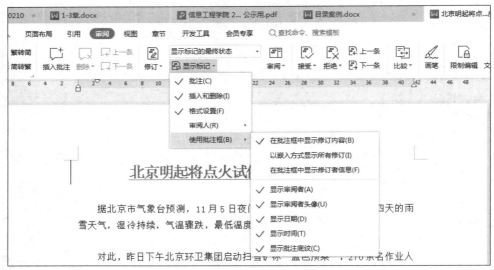

图 5-22　设置显示标记

5.4.2　添加批注

给文档添加批注是一个很好的习惯,这有利于更好地理解文档中的某些生僻内容,从而提高阅读效率;另外,审阅文档时可对所做的修订进行解释或者向文档作者提出问题。批注与修订的不同在于,批注并不在原文的基础上进行修改,而是在文档页面的空白处添加相关的注释信息,并用有颜色的方框括起来。

1. 新建批注

在"审阅"选项卡中单击"插入批注"按钮,如图 5-23 所示,在文档右侧的批注框中编辑批注信息。WPS 文字的批注信息前面会自动加上用户名和批注的日期。

2. 删除批注

右击要删除的批注,从弹出的快捷菜单中选中"删除批注"选项,即可删除该条批注。如

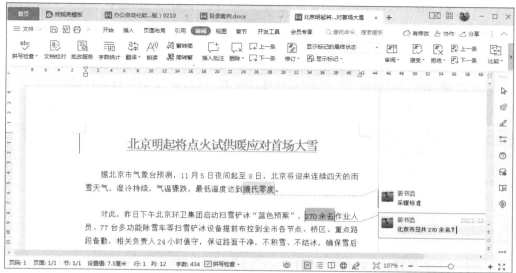

图 5-23　批注信息

果要删除文档中的所有批注,可以在"审阅"选项卡中单击"删除"按钮,从下拉菜单中选中"删除文档中的所有批注"选项,文档中的所有批注就被删除。

3. 解决和回复批注

当完成文档的批注时,可以单击批注右侧的下拉按钮,在下拉菜单中选中"解决"选项,然后该批注标记为"已解决",且批注内容置灰。如果需要对该批注给予、回复,可以单击批注右侧的下拉按钮,从下拉菜单中选中"答复"选项,并在输入框内输入需要回复的内容,该批注讲义对话形式显示,如图 5-24 所示。

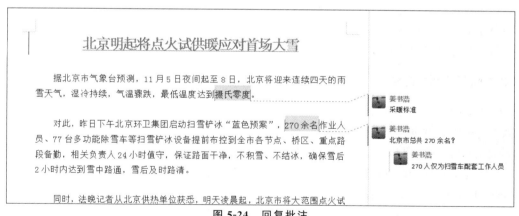

图 5-24　回复批注

4. 审阅修订和批注

文档内容修订完成以后,还需要对文档的修订和批注状况进行最终审阅,并确定出最终的文档版本。当审阅修订时,可以按照如下步骤接受或拒绝文档内容的每一项更改。

① 在"审阅"选项卡的"更改"组中单击"上一条"或"下一条"按钮,即可定位到文档中的上一条或下一条修订。

② 对于修订信息可以单击"更改"组中的"拒绝"或"接受"按钮,选择拒绝或接受当前修订对文档的更改。

③ 重复步骤①和步骤②,直到文档中不再有修订。

④ 如果要拒绝对当前文档做出的所有修订,可以单击"拒绝"按钮,从下拉菜单中选中"拒绝对文档所做的所有修订"选项;如果要接受所有修订,可以单击"接受"按钮,从下拉菜单中选中"接受对文档所做的所有修订"选项,如图 5-25 所示。

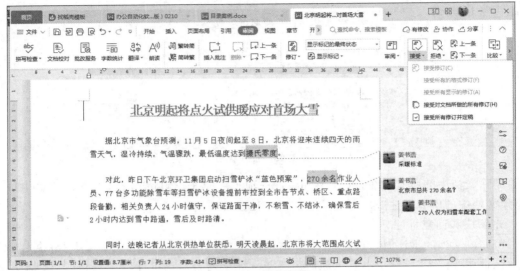

图 5-25　拒绝修订

审阅批注时,因为无法接受或拒绝批注本身,所以接受批注就是保留它,拒绝批注则是删除它。删除的方式是单击"删除"按钮将其删除。

📖提示：打开审阅窗格,即可以全面地查阅并快速定位到文档中的所有批注和修订等信息。审阅窗格可以水平显示,也可以垂直显示,图 5-26 中是垂直审阅窗格的显示效果。

5.4.3　快速比较文档

在日常的工作和学习中,有时会对同一文章进行多次修改。在选中"最终审阅"选项后,经常希望对比修改前后文档的内容变化情况,了解前后两个版本的不同,WPS 文字提供了"精确比较"的功能,可以帮助用户显示两个文档的差异。具体方法如下。

修改完文档后,在"审阅"选项卡中单击"比较"按钮,从下拉菜单中选中"比较"选项。在弹出的"比较文档"对话框中,从"原文档"和"修订的文档",两个下拉列表中选中要比较的文件,将各项需要比较的内容设置好,单击"确定"按钮开始比较,如图 5-27 所示。

此时两个文档之间的不同之处将突出显示在"比较结果"文档的中间,以供用户查看。在文档比较视图左侧的审阅窗格中,自动统计了原文档与修订文档之间的具体差异情况。

📖提示：文档的比较内容是可以进行设置的,单击"比较文档"对话框中的"更多"按钮,对话框在扩展后,在"比较设置"栏中进行比较内容的选择。

如果想要合并来自多个修订者的文档,可以单击"比较"按钮,从下拉菜单中选中"比较"选项,在"比较文档"对话框中浏览原始文档和修订文档的位置。并对合并后的文档进行保

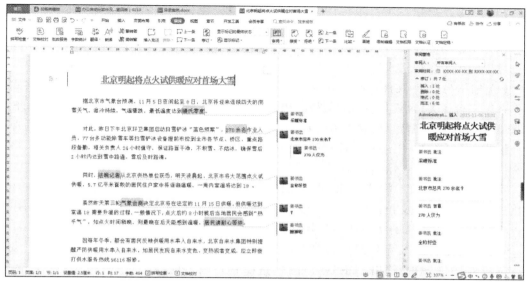

图 5-26　审阅窗格

图 5-27　"比较文档"对话框

存,合并后的文档会显示出两个文档在内容上的差异,并通过修订的方式进行展现,作为文档的最终定稿者可以根据自己的需求来对整个文档进行最后的确认。

1. 标记最终状态

在与他人共享文档的副本之前,可以在"显示已审阅"下拉列表中选中"标记为最终状态"选项,将文件设置为只读,以防止他人对文件进行更改。操作步骤为,在"审阅"选项卡中单击"修订"按钮,在"显示已审阅"下拉列表中选中"最终状态"选项,将文件标记为最终状态。该下拉框中包括"最终状态""显示标记的最终状态""原始状态""显示标记的原始状态"4 个选项,如图 5-28 所示。"最终状态"和"原始状态"是修订前后的状态,是否"显示标记"是指修订的标记是否在原文中以显示的形态呈现。如果要更改已标记为最终状态的文件,可以选择下拉框的其他选项。事实上,也可以通过在状态栏中查找"标记为最终状态"图标,识别文件是否已标记为最终状态。

图 5-28　标记最终状态

提示:"标记为最终状态"选项不是一项安全功能。对于已标记为最终状态的文件,收到其副本的任何人都可以通过取消该文件的"标记为最终状态"状态对其进行编辑。

2. 共享文档

作为一款功能强大的办公软件。WPS 文字除了可以打印出文档供他人审阅,在某些场合也可以输出为多种格式进行共享。

(1)输出为 PDF 文件。PDF 可移植文档格式是一种电子文件格式。这种文件格式与操作系统平台无关,也就是说,不管是在 Windows、UNIX,还是 macOS 操作系统中,PDF 文件都是通用的。这一特点使它成为 Internet 上进行电子文档发行和数字化信息传播的理想文档格式。众多的电子图书、产品说明、公司文告、网络资料、电子邮件都在使用 PDF 格式的文件。

将文档保存为 PDF 格式后,既可保证文档的只读性,又可确保那些没有使用 WPS 产品的用户可以正常浏览文档内容。WPS 文字具有直接将文档另存为 PDF 文件的功能,用户可以将 WPS 文字编辑的文档直接保存为 PDF 文件。操作步骤如下。

第 1 步,用 WPS 文字打开文档,在"文件"选项卡中"输出为 PDF 文件"选项。

第 2 步,在弹出的"输出 PDF"对话框中,选择 PDF 文件的保存位置并输入文件名称,然后单击"开始输出"按钮,如图 5-29 所示。

图 5-29 输出 PDF 文件

(2)输出为图片。查阅文档时,如果不方便以文档形式查看内容,可以通过"输出为图片"功能将当前文档转换为图片进行发送,以便查阅者方便快捷地查阅内容。具体操作步骤如下。

① 打开需要转换为图片的文档。

② 在"文件"菜单中选中"输出为图片"选项,弹出"批量输出为图片"对话框。

③ 在"批量输出为图片"对话框中设置相关选项,比如"水印设置、输出品质、输出目录",以及是否合成长图,设置完毕后,单击"开始输出"按钮,如图 5-30 所示。

图 5-30　输出图片文件

案例 5.2　文档的审阅和共享。对论文进行编辑,要求完成如下任务。

任务 1:在修订状态下,为文档添加标题"北京明起将点火试供暖应对首场大雪",将第 1 段尾部文字"最低温度达到零摄氏度"改为"最低温度达到最低采暖标准温度",删除第 2 段最后一句,删除第 4 段最后一句。

任务 2:为文章添加批注,要求按照图 5-31 的内容进行批注,批注的审阅者为"姜书浩"。

任务 3:进行拼写检查,并将文档标注为最终状态。

任务 4:保存并发布文档,将其发布为名称是"首场大雪"的 PDF 文件。

案例实现方法如下。

任务 1 实现方法。打开文档,在"审阅"选项卡中单击"修订"按钮,从下拉菜单中选中"修订选项"选项,然后按照任务要求添加标题并删除文字。

任务 2 实现方法。

① 在"审阅"中单击"插入批注"按钮,添加如图 5-31 所示的批注。

② 单击"审阅"选项卡中的"修订"按钮,在下拉菜单中选中"更改用户名"选项,弹出"选项"对话框,在"用户信息"选项卡中修改用户名和"缩写",单击"确定"按钮。

③ 重复①②中的操作,直到完成所有批注。

任务 3 实现方法。

① 在"审阅"选项卡中单击"拼写检查"按钮,在弹出的"拼写检查"对话框中对拼写检查存在的问题进行修改。

② 在"审阅"选项卡中单击"限制编辑"按钮,在"限制编辑"窗格中选中"只读"单选按钮,如图 5-32 所示。

任务 4 实现方法。保存文档,在"文件"菜单中选中"输出为 PDF"选项,在弹出的"输出为 PDF"对话框中输入文件名称"首场大雪",单击"开始输出"按钮。

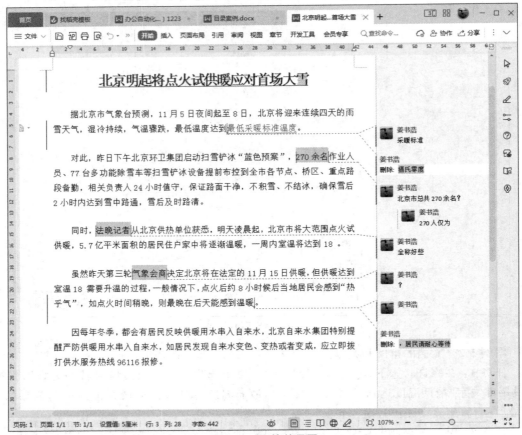

图 5-31　文档效果图

图 5-32　设置权限

*5.5　使用邮件合并技术批量处理文档

在日常的工作中,要处理很多数据信息,并根据这些数据信息生成信函、信封或者是电子邮件。面对这些数据,如果对每条信息都以复制、粘贴的方式工作,枯燥并且容易出错。如果要将相同内容的文档通过电子邮件发送给多人,但又想使其具有个性化(例如确保单独称呼每个人),可使用 WPS 文字进行电子邮件合并。

"邮件合并"是在批量处理"邮件文档"时被首先提出的。即在邮件文档(主文档)的固定内容中,合并与发送信息相关的一组通信资料,从而批量生成需要的邮件文档,从而大大提高工作效率,"邮件合并"因此而得名。显然,邮件合并功能除了可以批量处理信函、信封等与邮件相关的文档外,一样可以轻松地批量制作标签、工资条、成绩单等。

📖提示:需要采用邮件合并功能处理的文档都符合两个特点:一是需要制作的数量比较大;二是这些文档内容分为固定不变的部分和变化的部分,信封上寄信人地址和邮政编码、信函中的落款等都是固定不变的内容,而收信人的地址邮编等就属于变化的内容。其中变化的部分由数据表中含有标题行的数据记录表表示。

在 WPS 文字中,邮件合并是一种可以将数据源批量引入主文档中的功能。通过该功能,可以将不同源文档表格的数据统一合并到主文档中,并与主任当中的内容相结合,最终形成一系列版式相同、数据不同的文档。WPS 文字的邮件合并功能主要包含以下 5 部分。

(1)主文档。"主文档"是经过特殊标记的文档,它是用于创建输出文档的"蓝图",其中包含了基本的文本内容。这些文本内容在所有输出文档中都是相同的,例如信封中的落款、信函中的对每个收信人都不变的内容等;此外,还有一系列指令(称为合并域),用于插入在每个输出文档中都要发生变化的文本,例如收件人的姓名和地址等。

(2)数据源。数据源就是含有标题行的数据记录表,其中包含着相关的字段和记录内容。通常它保存了姓名、通信地址、电子邮件地址、传真号码等数据字段。数据源通常以表格形式存在。在实际工作中,数据源通常是已经存在的,直接使用即可,不必重新制作。

(3)合并域。在主文档中插入的一系列指令统称合并域,用于插入在每个输出文档中都要发生变化的文本,例如姓名、头衔、公司、部门、职务等。

(4)Next 域。Next 域是一种指令,主要解决邮件合并中的换页问题,当一页需要显示 N 行时,则需要插入 $N-1$ 个 Next 域。

(5)查看合并数据。当邮件合并完成所有数据源的应用和插入后,最终文档则是一份可以独立存储或者输出的文档。此时,该文档中所有引用和插入数据源都是以"域"的形式存在,通过"查看合并数据"可以将文档中的"合并域"转换为实际数据,以便查看域的显示情况。

邮件合并的最终文档包含了所有的输出结果,其中部分内容在输出文档中都是相同的,而有些会随着收件人的不同而发生变化。

案例 5.3　以邮件合并的方法制作信函,通知毕业设计同学参加毕业设计指导会议,人员名单存储在名为"学生选题信息"的 xls 文件中。

利用邮件合并分步向导批量创建信函的操作步骤如下。

（1）编辑主文档中的内容，并保存为"通知1.docx"文件，如图5-33所示。

通　知

同学你好：

毕业设计选题已经结束，你的毕设题目是《　　　》，为了更好地完成毕业设计，请于2023年11月18日下午2点到信心交流中心321办公室参加毕业设计知道会议，请准时参加。

另外请确认联系方式，，若有改动请联系指导教师。

图5-33　通知文档

（2）将需要应用的数据源准备好，并确认准确性，该数据源应以数据列表的形式来组织，即数据区域首行为标题字段，以后各行为数据记录，每一行代表一条数据记录，如图5-34所示。

	A	B	C	D	E	F	G	H
1	毕业设计（论文）题目	学生姓名	联系电话	电子邮箱	学号	系（部）	专业	班级
2	电器售后服务管理系统的设计与实现	刘*茹	187****9642	139786****@qq.com	20234870	计算机系	电子商务考	2023-1班
3	点滴家政管理系统的设计与实现	胡*航	150****1886	49003****@qq.com	20234855	计算机系	电子商务考	2023-1班
4	高校计算机公共课实验预约系统的设计与实现	吕*华	158****7787	8446****7@qq.com	20234861	计算机系	电子商务考	2023-1班
5	摄影协会网站的设计与实现	汪*雯	151****6193	abcd12****@qq.com	20234854	计算机系	电子商务考	2023-1班
6	电子商务企业用户满意度调查及改进措施研究	苑*	183****0675	101942****@qq.com	20234883	计算机系	电子商务考	2023-2班
7	基于移动平台的电子商务个性化推荐系统研究	张*娇	136****3169	5495****1@qq.com	20234873	计算机系	电子商务考	2023-2班
8	协同过滤推荐算法应用研究	雷*红	151****3275	14572****9@qq.com	20234905	计算机系	电子商务考	2023-2班
9	电子商务推荐系统中多样性与精确性策略综合应用研究	符*珏	182****6606	11092****7@qq.com	20234862	计算机系	电子商务考	2023-1班
10	用户行为模式分析在电子商务推荐系统中的应用研究	郭*君	152****2950	842****6@qq.com	20234852	计算机系	电子商务考	2023-1班
11	跨境电子商务发展现状及对策分析	黄*	158****1793	hx****3@163.com	20234876	计算机系	电子商务考	2023-2班
12	天津市医药行业电子商务现状分析及发展趋势研究	刘*丽	187****6120	13196****9@qq.com	20234878	计算机系	电子商务考	2023-2班
13	网上商店创业设计与实现	白*旺	152****3792	4251****9@qq.com	20235196	计算机系	信息管理	2023-1班
14	自贸区发展下的海外代购前景分析	程*欣	139****9139	3910****4@qq.com	20234908	计算机系	电子商务考	2023-2班
15	传统商贸企业电子商务转型发展策略研究	黄*淼	156****6388	tjc****m@163.com	20234920	计算机系	计算机科考	2023-3班
16	网络营销条件下的消费者行为研究	薛*	156****6541	9793****4@qq.com	20234920	计算机系	计算机科考	2023-3班
17	生鲜商品在线销售系统的设计与实现	李*	158****2986	8143****3@qq.com	20235001	计算机系	计算机科考	2023-3班
18	同城导购网的设计与实现	肖*丽	137****5293	7856****8@qq.com	20235190	计算机系	信息管理	2023-1班
19	O2O旅游电子商务网站的设计与实现	苏*	150****5732	23996****0@qq.com	20234927	计算机系	电子商务考	2023-3班
20	旅游商务网站对比分析与应用研究	叶*	152****3763	ye****er@163.com	20234887	计算机系	电子商务考	2023-2班
21	体验营销在电子商务网站中的应用研究	王*	158****0992	15822****2@163.com	20234897	计算机系	电子商务考	2023-2班

图5-34　数据记录

（3）在"引用"选项卡中单击"邮件"按钮，出现"邮件合并"选项卡，如图5-35所示。

图5-35　添加修订用户

（4）在"邮件合并"选项卡中单击"打开数据源"按钮，如图5-36所示。

（5）在弹出的"选取数据源"的对话框中选取需要应用的数据源后，单击"打开"按钮，将数据源打开。数据源打开后对话框会自动关闭。

图5-36　打开数据源

（6）打开数据源后，"邮件合并"选项卡中的按钮全部激活，单击"插入合并域"按钮，弹出"插入域"对话框，选中"数据库域"单选按钮，插入"学生姓名"域，单击"插入"按钮，如图 5-37 所示。

（7）在主文档的对应位置，依次插入"毕业设计（论文）题目""联系电话""电子邮箱"域。

（8）完成全部插入后，单击"查看合并数据"按钮，即可将文本中的"域"显示为实际数据进行查看。

（9）确认无误后，根据需求选择通过以下任意一种方式完成最终合并。

① 合并到新文档。将合并的内容输出为一份新文档。

② 合并到不同新文档。将合并的内容按照数据列表输出为同等数量的文档文件。

③ 合并到打印机。将合并的内容输出到打印机进行打印。

④ 合并到电子邮件。将合并的内容以电子邮件的形式发送出去。此操作需要提前将收件人的电子邮件地址整理到源数据表中，如图 5-38 所示。

图 5-37　插入域

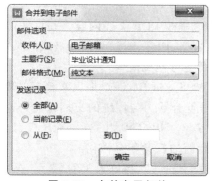

图 5-38　合并电子邮件

（10）单击"邮件合并"选项卡的"关闭"按钮，退出邮件合并模式。

发送给"刘 ＊ 茹"同学邮件的最终内容如图 5-39 所示。

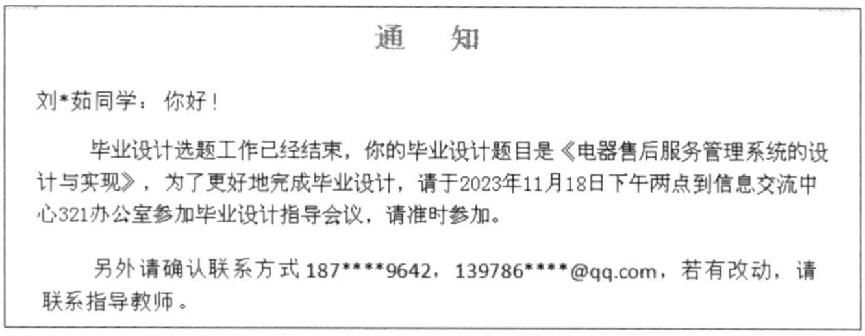

通　知

刘*茹同学：你好！

　　毕业设计选题工作已经结束，你的毕业设计题目是《电器售后服务管理系统的设计与实现》，为了更好地完成毕业设计，请于2023年11月18日下午两点到信息交流中心321办公室参加毕业设计指导会议，请准时参加。

　　另外请确认联系方式 187****9642，139786****@qq.com，若有改动，请联系指导教师。

图 5-39　合并邮件

5.6 小　　结

WPS文字是一种流行的字处理软件。作为WPS Office的核心,WPS文字提供了许多易于使用的文档创建工具和丰富的功能集用于创建复杂的文档。在现代的工作学习中,文档的种类千变万化,从简单的通告到复杂的报告,各种文件的内容都代表了用户的想法。

WPS文字基于云办公的理念,让用户可以在办公室、学校或家里最高效地完成工作。让连接至Internet的每台计算机,让世界不同角落的人基于自己的文件开展协同工作。WPS文字并不是只能使文档变得美观,它还改进了许多功能,提高用户使用的便捷性和舒适度。

1. 前所未有的性能提升

WPS文字中包括了全新的文字排版引擎,进行了前所未有的性能提升,在进行打开文档、编辑排版、查找替换等操作时可节省更多的时间,应用更加游刃有余。

2. 云和协作支持

用户只需要一个WPS账号,就可以实现多个终端平台的无缝对接,实现跨平台数据同步,轻松与同事朋友合作,文件也可以通过微信、QQ等软件进行一键分享,让工作更加轻松。

3. 全面支持PDF

WPS文字提供了沉浸式PDF阅读体验以及稳定可靠的PDF编辑服务,支持一键编辑,可快速修改PDF文档内容。并且凭借不断优化的OCR技术,通过WPS PDF可精准转换文档、表格、PPT、图片等各种格式的文件,让阅读编辑更便捷。

4. 标签可拖曳成窗

在WPS文字中,通过拖曳文档标签即可将文档独立显示在一个窗口中,向另一窗口拖曳即可进行合并。与传统的文档只能选择全部独立显示或全部统一在一个窗口显示不同,WPS文字给了用户更大的自主选择权,让办公管理更高效。

5. 全新的视觉和个性化

页面千篇一律,再好看都看腻了。WPS文字将舞台交给用户,桌面背景、界面字体、皮肤、格式图标,通通支持个性化设置。

6. 工作区

WPS文字支持将已经打开的文件放置在不同的工作区中,用户可以在工作区分类浏览与管理打开的文档,快速在不同的工作区间切换。

7. 高效应用

集成了输出转换、文档助手、安全备份、分享协作、资源中心、便捷工具等多种实用功能,建成丰富的"应用中心",满足大家多方面的办公需求。

第三篇

WPS 表 格

WPS 表格是 WPS Office 的重要组件，它是一款强大的电子表格软件，具有表格编辑功能，可进行公式、函数、图表和数据分析管理，常应用于文秘、财务、统计、审计、金融、人事、管理等领域。

WPS 表格类似于微软公司的 Excel，功能上相差不大，但还是有一定区别，应用时不要混淆。

WPS 表格创建的文件就像是一本账簿，这个账簿有很多页，其中的每一页就是一张表格。在表格中不但可以录入数据和进行复杂的数据计算、统计、汇总，也可以将数据制作成图表，并进行打印输出。

本部分主要介绍的内容如下。

- WPS 表格的基础操作。
- 使用公式和函数对工作表数据进行计算。
- 对数据进行处理和统计分析（包括排序、筛选、分类汇总和合并计算等）。
- 用图表展示数据。

第6章 表格基础

在 WPS 表格中使用最频繁的就是工作簿、工作表和单元格。

6.1 工作簿操作

工作簿是 WPS 表格中用于存储和处理数据的文件。

6.1.1 创建工作簿

1. 创建空白的工作簿

启动 WPS Office,在"首页"界面中,按如下方法建立空白工作簿。

① 在首页左侧单击"新建"按钮或单击"新建"标签,如图 6-1 所示。

② 进入"新建"界面,在界面上方选择"表格"。

③ 再单击"新建空白文档"按钮,如图 6-2 所示。

在默认情况下,新建 WPS 表格文件名称为"工作簿 1"。

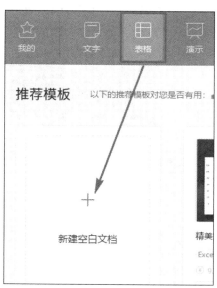

图 6-1　新建工作簿

图 6-2　新建工作表

2. 创建模板工作簿

在创建空白工作簿时,还可以使用系统提供的表格模板,提高表格建立的效率。表格模板在其"新建"界面右侧及下侧,根据自己的需要选择合适的表格模板。WPS 在线表格模板有的是免费的,多数是稻壳会员付费才能使用。WPS 表格模板界面如图 6-3 所示。

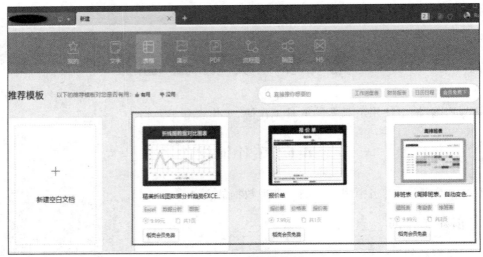

图 6-3　WPS 表格模板

6.1.2　保存工作簿

工作簿中数据复杂、格式多样,数据处理后及时保存工作簿就显得尤为重要。保存文件的方法很多,可选择如下几种方法之一。

(1) 在快速访问工具栏中单击"保存"按钮,如图 6-4 所示。

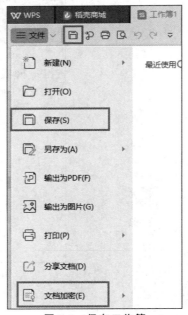

图 6-4　保存工作簿

(2) 在"文件"菜单中选中"保存"或"另存为"选项。

(3) 按 Ctrl＋S 组合键。

(4) 在"文件"选项卡中选中"文档加密"选项。

6.2 工作表操作

工作表是 WPS 表格的主要编辑区域,由名称框、编辑栏、行号、列号和工作表标签区域等组成。在工作簿中,用工作表标签名称来标识不同的工作表,默认只显示 1 个工作表,名称为 Sheet1,如图 6-5 所示。

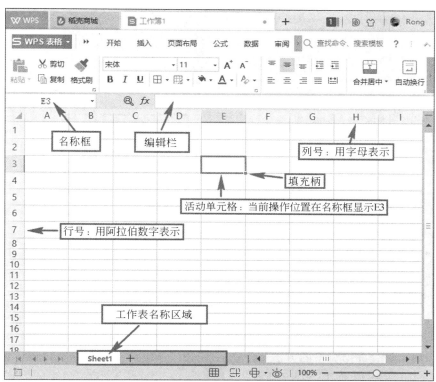

图 6-5　工作表

1. 插入工作表

在工作簿中默认只有工作表 Sheet1,增加新工作表,可以使用以下方法。

(1) 在工作表标签区域单击"＋"按钮,依次新建工作表 Sheet2、Sheet3……

(2) 在"开始"选项卡中单击"工作表"按钮,从下拉菜单中选中"插入工作表"选项。

(3) 按 Shift＋F11 组合键。

2. 重命名工作表

工作表默认名称为 Sheet1、Sheet2……既不便于记忆又不能直观反映表中数据的内容,因此需要对工作表进行重命名,操作方法如下。

(1) 双击工作表标签,输入工作表名称后按 Enter 键。

(2) 右击工作表标签,从弹出的快捷菜单中选中"重命名"选项,在标签处输入新的工作表名称。

3. 移动与复制工作表

不仅可以在同一个工作簿中移动、复制工作表,也可以在不同工作簿中实现,具体操作方法如下。

（1）用鼠标拖曳。选定工作表，用鼠标拖曳工作表标签名称到新位置，可以实现工作表的移动；若在拖动工作表标签名称过程中按住 Ctrl 键可以实现工作表的复制。

（2）使用快捷菜单。右击选定的工作表，在弹出的快捷菜单中选中"移动或复制工作表"选项，弹出"移动或复制工作表"对话框，如图 6-6 所示。

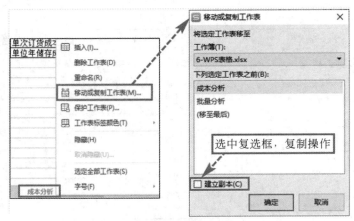

图 6-6　工作表移动复制操作

① 在"工作簿"下拉列表中选择要移动或复制到的工作簿。

② 在"下列选定工作表之前"列表框中选择要移动或复制到的工作表位置。

③ 选中"建立副本"复选框，可在移动时复制工作表，否则仅为移动工作表操作。

4. 拆分和冻结工作表窗格

当工作表中的数据量变大后，为了便于查看数据，可以将工作表的窗格冻结，实现窗口拆分，从而可以同时查看工作表不同区域中的内容。

（1）冻结窗格。冻结窗格的方法如下。在"视图"选项卡中单击"冻结窗格"按钮，在下拉菜单中选中冻结的位置，如图 6-7 所示。

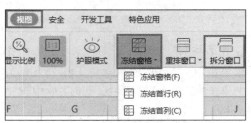

图 6-7　工作表冻结窗格

（2）拆分窗口。拆分窗口方法如下。

① 选定单元格。

② 在"视图"选项卡中单击"拆分窗口"选项，如图 6-7 所示。从选定单元格的左上方开始，拆分成 4 个大小可调的窗口，拆分窗口结果如图 6-8 所示。

📖提示：在"视图"选项卡中单击"取消拆分"命令，可取消拆分窗口。

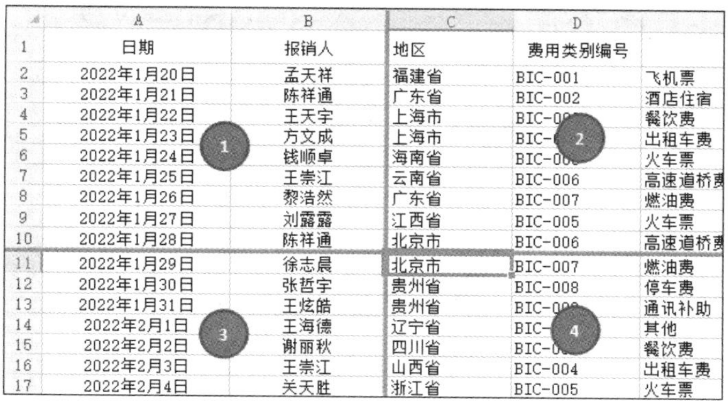

	A	B	C	D	
1	日期	报销人	地区	费用类别编号	
2	2022年1月20日	孟天祥	福建省	BIC-001	飞机票
3	2022年1月21日	陈祥通	广东省	BIC-002	酒店住宿
4	2022年1月22日	王天宇	上海市	BIC-00	餐饮费
5	2022年1月23日	方文成	上海市	BIC-	出租车费
6	2022年1月24日	钱顺卓	海南省	BIC-00	火车票
7	2022年1月25日	王崇江	云南省	BIC-006	高速道桥费
8	2022年1月26日	黎浩然	广东省	BIC-007	燃油费
9	2022年1月27日	刘露露	江西省	BIC-005	火车票
10	2022年1月28日	陈祥通	北京市	BIC-006	高速道桥费
11	2022年1月29日	徐志晨	北京市	BIC-007	燃油费
12	2022年1月30日	张哲宇	贵州省	BIC-008	停车费
13	2022年1月31日	王炫皓	贵州省	BIC-00	通讯补助
14	2022年2月1日	王海德	辽宁省	BIC-	其他
15	2022年2月2日	谢丽秋	四川省	BIC-0	餐饮费
16	2022年2月3日	王崇江	山西省	BIC-004	出租车费
17	2022年2月4日	关天胜	浙江省	BIC-005	火车票

图 6-8　拆分窗口

6.3　单元格操作

工作表由单元格组成，而单元格由行和列交叉构成，单元格的地址用对应的行标和列标表示。

1. 单元格的地址

每个单元格都有固定的地址，地址引用样式有两种方式。

方式 1：A1 样式。默认的引用样式，即列标在前用字母表示、行标在后用数字表示。

方式 2：R1C1 样式。引用样式为行标在前，列标在后。

2. 选取单元格

在对工作表数据操作之前必须先确定单元格范围。

（1）活动单元格：1 个单元格。选取活动单元格的方法是，单击或使用键盘方向键选择目标单元格后，活动单元格边框显示默认为绿色，且其行标签和列标签高亮显示。

（2）连续单元格区域：由多个单元格组成单元格区域。连续单元格区域的选择有两种方法。

方法 1：选定一个单元格，然后沿着对角线方向拖到最后一个单元格。

方法 2：选定第一个单元格，在选定范围最后一个单元格，按住 Shift 键后单击该位置。

（3）不连续单元格区域。选定第一个区域单元格，然后按住 Ctrl 键拖动待选定的单元格区域。

（4）选定整行或列单元格：单击工作表中的行号或列标。

（5）选定所有单元格(即整个工作表)：工作表左上角行号和列标的交叉处为“全选”按钮，单击后即可。

选定单元格范围结果如图 6-9 所示。

3. 复制和移动单元格

复制和移动单元格可以提高工作效率。移动和复制单元格可以使用鼠标，也可以使用菜单完成。

（1）使用鼠标复制和移动单元格。选定单元格区域，拖动选定单元格区域数据到目标位置，实现单元格数据的移动操作；若在拖动选定单元格区域数据时按住 Ctrl 键到目标位

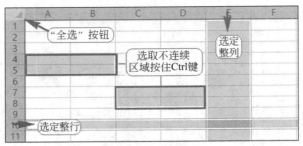

图 6-9　选定单元格

置,实现单元格数据的复制操作。

(2)使用剪贴板复制和移动数据的方法如下。

① 选定单元格中待复制或移动的数据区域。

② 在"开始"选项卡中单击"复制"或"剪切"按钮。

③ 在下拉菜单中选中希望移动或复制的目标单元格。

④ 在"开始"选项卡中单击"粘贴"按钮。

📖提示1:默认情况下进行的"粘贴"操作是将原单元格中的所有数据及格式粘贴到目标单元格。

📖提示2:在复制操作时,若需要复制原单元格数据的部分格式,使用"选择性粘贴"操作,操作过程如图6-10所示。

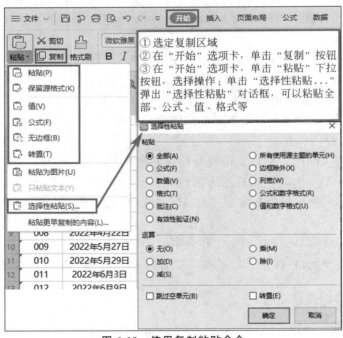

图 6-10　使用复制粘贴命令

4.合并单元格

在处理表格数据时,经常需要根据要求将多个单元格进行合并成一个单元格再输入数据。

106 ·

合并单元格操作如下。

① 选定合并单元格区域。

② 在"开始"选项卡中单击"合并居中"按钮,弹出如图 6-11 所示的下拉菜单。其中重要选项如下。

- "合并居中":将多个单元格合并成一个单元格,让单元格中的内容水平居中。
- "合并单元格":将多个单元格合并成一个单元格,让单元格中的内容不居中。
- "合并内容":将所选单元格中内容合并到一个单元格中。

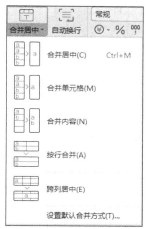

图 6-11 "合并居中"挖掘的下拉菜单

6.4 行操作和列操作

系统有默认的行高和列宽。可按单元格中的内容调整行高和列宽,使整个工作表看起来更加舒适、美观。

当单元格的宽度不足以显示内容时,数字数据会显示成"♯♯♯♯",文字数据则由右边相邻的储存单元格决定如何显示。可以通过调整单元格的行高和列宽改变单元格的显示状态。

调整行高和列宽的方法如下。

(1)手动调整。如图 6-12 所示,可通过拖动行与行或列与列之间的分割线来设置单元格的行高和列宽。

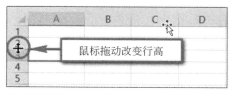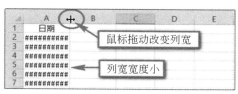

图 6-12 手动调整行高、列宽

(2)使用菜单调整。选择菜单调整行高和列宽的方法如下。

① 选定需要的行数和列数。

② 在"开始"选项卡中单击"行和列"按钮,在下拉菜单中选中设置行高和列宽对应的选

项,如图 6-13 所示。

图 6-13 行高/列宽设置

6.5 数 据 输 入

录入数据对后续的数据处理与分析尤为重要,应熟练掌握在 WPS 表格中录入各种类型的数据及将外部数据源导入 WPS 表格中的相关操作。

WPS 表格中的数据分为文本型、数字型和日期型。

1. 数字型数据

数字型数据有多种表现形式,如数值、会计专用、分数和科学记数等形式数据。当将数字数据设置为多种形式时,打开如图 6-14 所示的"单元格格式"对话框,从中选择需要的数字格式。

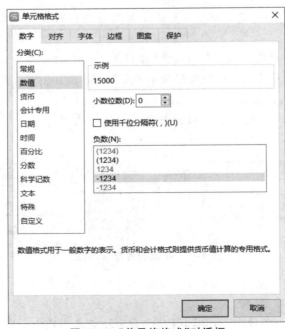

图 6-14 "单元格格式"对话框

2. 文本型数据

文本通常是指一些非数值型的文字、符号等。一些不需要计算的学号、电话号码、身份证号码等数字也可以保存为文本格式。要输入文本型数字，应在数字前加半角的"'"。

3. 日期型数据

日期型数据用于显示某个时间，如果输入的日期型数据系统无法识别，则以文本格式处理。

（1）日期型数据分隔符。常用的日期数据分隔符有"-"和"/"。若输入当前系统日期，可按 Ctrl＋;组合键。

（2）时间格式分隔符：作为时间格式分隔符，":"用于分隔时、分、秒，如果用 12 小时制显示，则在时间后留一空格，并输入 AM(上午);PM(下午)。若输入当前系统时间可按 Ctrl＋Shift＋;组合键。

6.6　获取外部数据

在 WPS 表格中可以直接输入数据，还可以从文本文件，Access 数据库等外部数据文件导入工作表。下面通过案例介绍 WPS 表格获取外部数据的操作方法。

案例 6.1　将名为"2010 年全国人口普查数据"的外部数据文件导入 WPS 表格名为"新工作簿"的 Sheet1 工作表中。

案例实现方法如下。

① 在 WPS 表格中打开新建工作簿(看前面介绍)，选定 Sheet1 工作表，活动单元格放置 A1。

② 在"数据"选项卡中单击"导入数据"按钮。从下拉菜单中选中"导入数据"选项，弹出一个消息框，提示将接入的外部数据源，单击"确定"按钮，弹出导入向导窗口。

③ 在"第一步：选择数据源"对话框中单击"选择数据源"按钮，如图 6-15 所示。

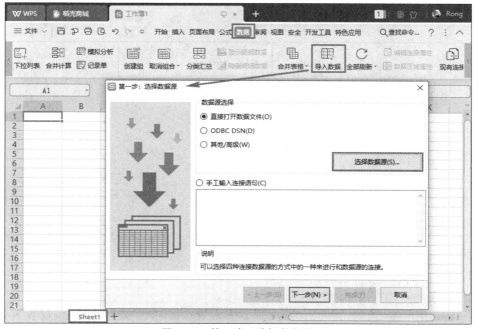

图 6-15　第 1 步：选择数据源

④ 单击"下一步"按钮,在弹出的"打开"对话框中选中 2010 年全国人口普查数据.txt 文件,如图 6-16 所示。

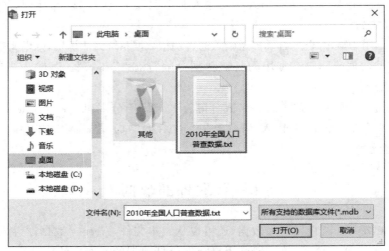

图 6-16 打开文本文件

⑤ 单击"打开"按钮,在弹出的"文件转换"对话框中,可以预览导入数据的效果,选择默认设置,如图 6-17 所示。

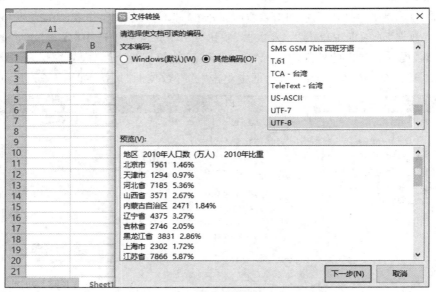

图 6-17 文件转换

⑥ 单击"下一步"按钮,在弹出的"文本导入向导-3 步骤之 1"对话框中选中"分隔符号"单选按钮,如图 6-18 所示。

⑦ 单击"下一步"按钮,在弹出的"文本导入向导-3 步骤之 2"对话框中,根据文本数据分隔符设置分隔符的类型,如图 6-19 所示。

⑧ 单击"下一步"按钮,在弹出的"文本导入向导-3 步骤之 3"对话框中,设置列的数据

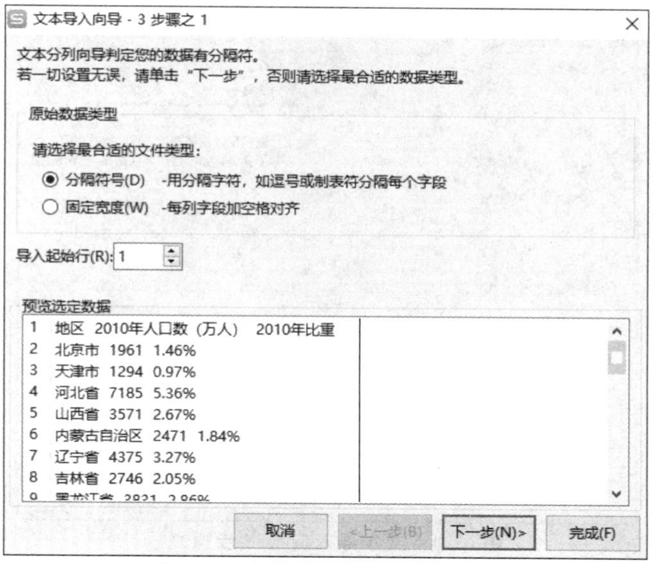

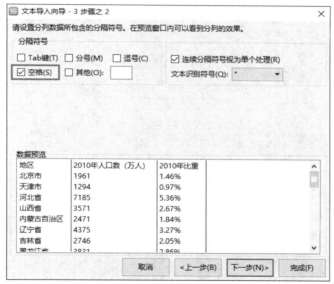

图 6-18　文本导入向导-3 步骤之 1

图 6-19　文本导入向导-3 步骤之 2

类型,一般选择"常规"。也可以对具体列进行单独设置,在"数据预览"框中选中要设置的列,然后设置列数据类型即可,如图 6-20 所示。

⑨ 单击"完成"按钮,将外部数据文件数据导入工作表中,结果如图 6-21 所示。

案例 6.2　创建名为"员工费用报销表"的工作簿文件。要求对工作表完成如下任务。

任务 1:创建新工作簿,并进行文件保存;按照图 6-22 在 Sheet1 工作表中完成数据输入。

任务 2:第 1 行的"序号"列输入文本型数据,内容为 001、002 等。

任务 3:将"日期"列的所有单元格标注每个日期属于星期几,例如,日期为"2022 年 2

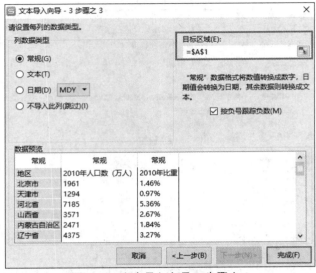

图 6-20　文本导入向导-3 步骤之 3

	A	B	C
1	地区	2010年人口数（万人）	2010年比重
2	北京市	1961	1.46%
3	天津市	1294	0.97%
4	河北省	7185	5.36%
5	山西省	3571	2.67%
6	内蒙古自治区	2471	1.84%
7	辽宁省	4375	3.27%
8	吉林省	2746	2.05%
9	黑龙江省	3831	2.86%
10	上海市	2302	1.72%
11	江苏省	7866	5.87%
12	浙江省	5443	4.06%
13	安徽省	5950	4.44%
14	福建省	3689	2.75%
15	江西省	4457	3.33%
16	山东省	9579	7.15%

图 6-21　导入文件的结果

	A	B	C	D	E	F	G
1	序号	日期	报销人	出差地区	费用类别	差旅费用金额	
2		2022年01月20日	孟天祥	福建省	飞机票	120.00	
3		2022年01月31日	王炫皓	贵州省	通讯补助	388.00	
4		2022年02月05日	唐雅林	浙江省	高速道桥费	606.50	
5		2022年02月07日	刘长辉	福建省	火车票	754.30	
6		2022年02月25日	王崇江	云南省	高速道桥费	2500.00	
7		2022年03月01日	王海德	辽宁省	其他	29.00	
8		2022年04月21日	陈祥通	广东省	酒店住宿	200.00	
9		2022年04月22日	王天宇	上海市	餐饮费	3000.00	
10		2022年05月27日	刘露露	江西省	火车票	200.00	
11		2022年05月29日	徐志晨	北京市	燃油费	22.00	
12		2022年06月03日	王崇江	山西省	出租车费	458.70	
13		2022年06月09日	方文成	广东省	燃油费	902.10	
14		2022年07月02日	谢丽秋	四川省	餐饮费	500.00	
15		2022年07月08日	李晓梅	广东省	高速道桥费	828.20	
16		2022年08月06日	钱顺卓	北京市	燃油费	680.40	
17		2022年08月23日	方文成	上海市	出租车费	300.00	
18		2022年09月04日	关天胜	浙江省	火车票	532.60	
19		2022年09月24日	钱顺卓	海南省	火车票	100.00	
20		2022年10月26日	黎浩然	广东省	燃油费	140.00	
21		2022年10月28日	陈祥通	北京市	高速道桥费	345.00	
22		2022年10月30日	张哲宇	贵州省	停车费	246.00	
23							
24							

sheet1　＋

图 6-22　完成部分数据的输入

月 05 日"的单元格应显示为"2022 年 02 月 05 日星期六"。

任务 4：将"差旅费用金额"列的数字点型设置为"会计专用"，小数点后保留 1 位格式。

任务 5：在第一行前插入主标题"2022 年部分差旅报销费用表"，并进行相应的"合并居中"设置。

任务 6：将 Sheet1 工作表的名称修改为"费用报销管理"。

案例实现方法如下。

任务 1 实现方法。

① 打开 WPS Office，单击"新建"按钮，再选中"表格"，再单击"新建空白文档"。

② 单击快速访问工具栏中的"保存"按钮，在弹出的"另存为"对话框中选择保存路径，设置文件名为"员工费用报销表"，文件类型为 Microsoft Excel 文件（＊.xlsx），如图 6-23 所示。

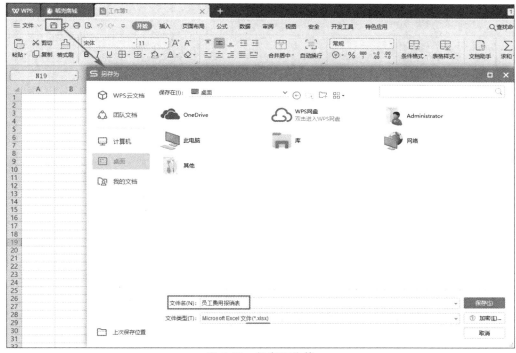

图 6-23 保存工作簿

③ 选中 Sheet1 工作表，输入各列数据，如图 6-22 所示。

任务 2 实现方法。

① 在 A2 单元格输入"'001"，按 Enter 键确认。

② 选定 A2 单元格，拖动单元格右下角填充柄到 A22，如图 6-24 所示。

任务 3 实现方法。

① 选定"日期"列中的数据。

② 在"开始"选项卡中，单击"数字"组的对话框启动按钮 ⌐ 。

③ 在弹出的"单元格格式"对话框中，设置日期格式，如图 6-25（a）所示。

④ 单击"确定"按钮，结果如图 6-25（b）显示。

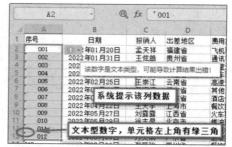

拖动填充柄，可以实现快速填充数据

图 6-24　用拖曳填充柄的方式填充数据

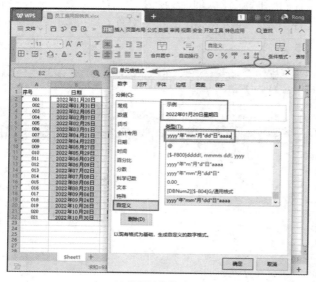

(a) 设置日期格式

(b) 设置的结果

图 6-25　设置日期格式

任务 4 实现方法。

① 选中"差旅费用金额"列的数据。

② 在"开始"选项卡中，单击"数字"组的对话框启动按钮。

③ 在弹出的"单元格格式"按钮对话框中，设置会计专用，如图 6-26(a)所示。

④ 单击"确定"按钮，结果如图 6-26(b)所示。

任务 5 实现方法。

① 选中第 1 行的数据并右击，在弹出的快捷菜单中选中"插入"并输入行数"1"，如图 6-27 所示。

② 选定 A1 单元格，输入"2022 年部分差旅报销费用表"。

③ 选定单元格区域 A1~F1。

④ 在"开始"选项卡中单击"合并居中"按钮，结果如图 6-28 所示。

任务 6 实现方法。

① 双击或右击 Sheet1 工作表的标签，在弹出的快捷菜单中选中"重命名"选项，如图 6-29 所示，然后将工作表名称改为"费用报销管理"。

② "费用报销管理"工作表的设置完成后的显示结果如图 6-30 所示。

(b) "单元格格式"对话框   (a) 设置完成结果

图 6-26 设置会计专用格式

图 6-27 插入行的操作

图 6-28 合并居中操作的结果

图 6-29 重命名工作表

	A	B	C	D	E	F
1			2022年部分差旅报销费用表			
2	序号	日期	报销人	出差地区	费用类别	差旅费用金额
3	001	2022年01月20日星期四	孟天祥	福建省	飞机票	¥ 120.0
4	002	2022年01月31日星期一	王炫皓	贵州省	通讯补助	¥ 388.0
5	003	2022年02月05日星期六	唐雅林	浙江省	高速道桥费	¥ 606.5
6	004	2022年02月07日星期一	刘长辉	福建省	火车票	¥ 754.3
7	005	2022年02月25日星期五	王崇江	云南省	高速道桥费	¥ 2,500.0
8	006	2022年03月01日星期二	王海德	辽宁省	其他	¥ 29.0
9	007	2022年04月21日星期四	陈祥通	广东省	酒店住宿	¥ 200.0
10	008	2022年04月22日星期五	王天宇	上海市	餐饮费	¥ 3,000.0
11	009	2022年05月27日星期五	刘露露	江西省	火车票	¥ 200.0
12	010	2022年05月29日星期日	徐志晨	北京市	燃油费	¥ 22.0
13	011	2022年06月03日星期五	王崇江	山西省	出租车费	¥ 458.7
14	012	2022年06月09日星期四	方文成	广东省	燃油费	¥ 902.1
15	013	2022年07月02日星期六	谢丽秋	四川省	餐饮费	¥ 500.0
16	014	2022年07月08日星期五	李晓梅	广东省	高速道桥费	¥ 828.2
17	015	2022年08月06日星期六	钱顺卓	北京市	燃油费	¥ 680.4
18	016	2022年08月23日星期二	方文成	上海市	出租车费	¥ 300.0
19	017	2022年09月04日星期日	关天胜	浙江省	火车票	¥ 532.6
20	018	2022年09月24日星期六	钱顺卓	海南省	火车票	¥ 100.0
21	019	2022年10月26日星期三	黎洁然	广东省	燃油费	¥ 140.0
22	020	2022年10月28日星期五	陈祥通	北京市	高速道桥费	¥ 345.0
23	021	2022年10月30日星期日	张哲宇	贵州省	停车费	¥ 246.0
24						
25						

费用报销管理 +

图 6-30 完成工作表的设置

6.7　美化工作表

一个漂亮的工作表可让人赏心悦目,所以美化工作表是一个重要的环节。在美化时,不仅需要对数据表中的内容进行美化,还需要对数据表中的边框进行美化。

6.7.1　数据格式设置

在 WPS 表格中,数据格式的设置包含设置数据的字体、颜色和对齐方式等。

1. 设置字体格式

WPS 表格中默认的字体为"宋体",字号为"11"。改变字体和字号的方法如下。

方法 1:在"开始"选项卡的"字体"组中设置字体、字号、字型、颜色、底纹和下画线等,如图 6-31(a)所示。

(a) "格式"组　　　　　　　　(b) "字体"选项卡

图 6-31　设置字体

方法 2:单击"格式"组的对话框启动按钮,弹出"单元格格式"对话框。在"字体"选项卡中可进行字体、字形、字号、下画线和字体颜色的设置,如图 6-31(b)所示。

2. 设置对齐方式

在默认情况下,单元格中的文本为左对齐,数字为右对齐。单元格的数据对齐方式可以设置垂直方向和水平方向的位置。

设置对齐方式的方法如下:在"开始"选项卡的"对齐方式"组中单击相应的对齐方式按钮,如图 6-32 所示。

垂直方向设置	顶端对齐	垂直居中	底端对齐		
设置效果	中国	中国	中国	中国	中　国
水平方向	左对齐	居中对齐	右对齐	两端对齐	分散对齐

图 6-32　对齐设置的结果

3. 设置边框和底纹

在工作表中的单元格默认是无边框的,为了使工作表看起来更加清晰、突出地显示内容,可对工作表数据添加边框和底纹。

(1) 添加边框。添加边框操作方法如下。

① 选中要添加边框的单元格区域。

② 在"开始"选项卡中单击"边框"按钮,从下拉菜单中选中边框的样式,如图 6-33(a)所示。

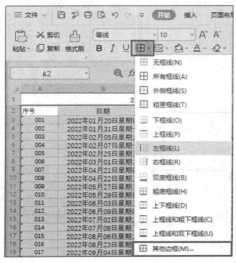

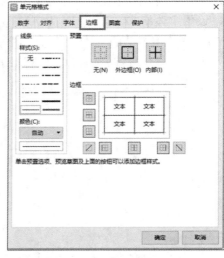

(a) "边框"下拉菜单　　　　　　　　　　　　(b) "边框"选项卡

图 6-33　设置边框

③ 在"开始"选项卡中单击"边框"按钮,从下拉菜单中选中"其他边框"选项,弹出"单元格格式"对话框。在"边框"选项卡中选中希望的边框样式、边框颜色及边框的位置,预览边框的效果,如图 6-33(b)所示。

(2) 设置底纹。可以通过添加底纹,对数据突出显示。添加底纹的操作方法如下。

① 选中要添加底纹的单元格区域。

② 在"开始"选项卡中单击"填充颜色"按钮,从下拉菜单中选中合适的底纹颜色,如图 6-34(a)所示。

③ 单击"字体"组的对话框启动按钮,弹出"单元格格式"对话框。在"图案"选项卡中选择适合的底纹颜色或对底纹颜色添加图案样式,如图 6-34(b)所示。

6.7.2　套用表格样式

WPS 表格提供了"浅""中等""深"3 种类型的表格样式,以提高美化工作表的效率。

套用表格样式的操作方法如下。

① 在"开始"选项卡中单击"表格样式"按钮,在弹出的下拉菜单中选中一种适合的样式,如图 6-35(a)所示。

② 选中一种套用样式,弹出"套用表格样式"对话框,确认"表数据的来源"后单击"确定"按钮,如图 6-35(b)所示。

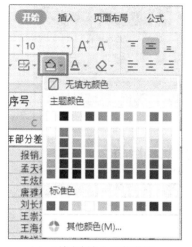

(a) "填充颜色"下拉菜单

(b) "图案"选项卡

图 6-34 设置底纹

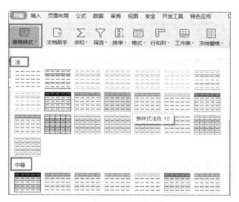

(a) 选择表格的样式

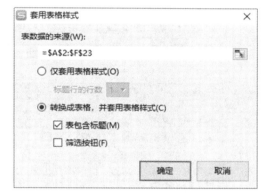

(b) "套用表格样式"对话框

图 6-35 表格的样式

案例 6.3 打开员工费用报销表.xlsx 文件。对其中的"费用报销管理"工作表进行美化,设置完成后的效果如图 6-36 所示。要求完成如下任务。

任务 1:设置主标题"2022 年部分差旅报销费用表",字体为"微软雅黑",字号为 24 磅、加粗并水平居中。

任务 2:设置工作表数据区,字体为"微软雅黑",字号为 12 磅,水平居中,行高为 20 磅。

任务 3:套用"表格样式"中"表样式浅色 17"样式。

案例实现方法如下。

任务 1 实现方法。

① 打开"员工费用报销表.xlsx"工作簿,选中"费用报销管理"工作表。

② 选定标题"2022 年部分差旅报销费用表"对应的单元格区域 A1:F1。

③ 在"开始"选项卡中设置字体为"微软雅黑",字号为 24 磅,选中"加粗"按钮**B**和"水平居中"按钮三,设置结果如图 6-37 所示。

任务 2 实现方法。

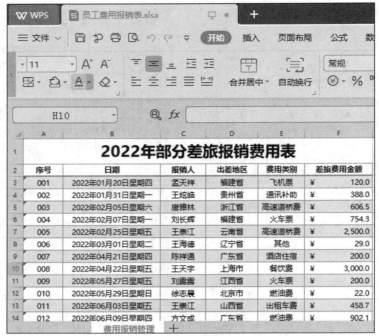

图 6-36　工作表的设置结果

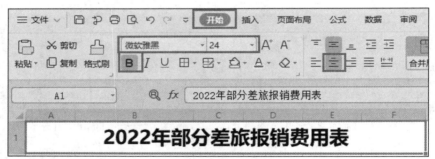

图 6-37　设置标题

① 选中单元格区域 A2:F23。

② 在"开始"选项卡中设置字体为"微软雅黑",字号为 12 磅和单击"水平居中"按钮 ⬚。

③ 行高设置:选中并右击第 2～23 行,从弹出的快捷菜单中选中"行高"选项。在弹出的"行高"对话框中输入"20",如图 6-38 所示。

任务 3 实现方法。

① 选中单元格区域 A2:F23。

② 在"开始"选项卡中单击"表格样式"按钮,在下拉菜单中选中"浅"栏中的"表样式浅色 17",如图 6-39 所示。

③ 在弹出的"套用表格样式"对话框中确认"表数据的来源",如图 6-40 所示。

④ 单击"确定"按钮,结果如图 6-36 所示。

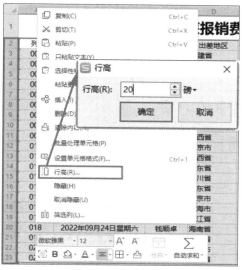

图 6-38　设置行高

图 6-39　选择一种表格样式

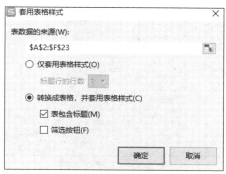

图 6-40　套用表格样式的范围

6.8 工作表打印

要想打印出满意的效果,还需要进行一系列打印设置。

6.8.1 页面设置

在打印工作表之前要确定的几件事。

(1) 打印纸张大小。

(2) 是否需要打印页眉和页脚。

(3) 打印份数。

(4) 打印的范围(选定区域、整个工作簿,选定工作表)。

页面的设置可在如图 6-41 所示的"页面布局"选项卡中进行。

图 6-41 "页面布局"选项卡

1. 设置页边距

页边距是指页面中的打印内容与页面上、下、左、右边缘的距离。设置页边距的方法如下。

① 在"页面布局"选项卡中单击"页边距"按钮。

② 在弹出的"页面设置"对话框的"页边距"选项卡中修改上、下、左、右页边距的数值,如图 6-42 所示。此外,在"页眉/页脚"选项卡中设置页眉和页脚的数值。

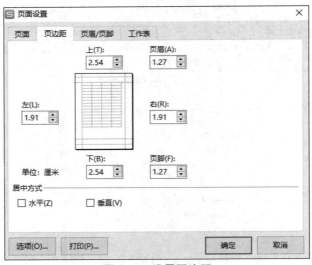

图 6-42 设置页边距

2. 设置页眉与页脚

添加页眉和页脚后,不但可以使页面更加美观且便于阅读,而且在打印多页表格时,只需设置一次,页眉和页脚中的内容便可自动出现在每一页上。

给工作表添加页眉和页脚的方法如下。

① 在"页面布局"选项卡中单击"页面设置"组的对话框启动按钮。弹出"页面设置"对话框,如图 6-43(a)所示。

② 在"页眉/页脚"选项卡中单击"自定义页眉"按钮,弹出"页眉"对话框,选择"左、中、右"位置,输入页眉内容,如图 6-43(b)所示。

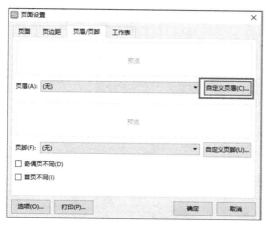
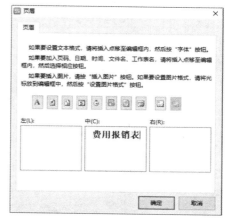

(a) "页面设置"对话框 (b) "页眉"选项卡

图 6-43 设置页眉和页脚

3. 添加打印标题

如果要打印的工作表有多页且打印的每一页都有顶端标题行或左端标题列,就需要设置打印标题。

添加打印标题的方法如下。

① 在"页面布局"选项卡中单击"打印标题"按钮,弹出"页面设置"对话框。

② 在"工作表"选项卡的"打印标题"栏中设置"顶端标题行"单元格区域和"左端标题列"单元格区域,如图 6-44 所示。

③ 单击"确定"按钮完成设置。

6.8.2 打印工作表

工作表设置完成后,就可以进行工作表打印了。

1. 打印预览

在工作表打印之前,预览工作表打印效果是非常必要的,可有效避免低张的浪费。如果不理想,可以继续进行工作表的修改,直到满意为止。

工作表打印预览操作方法如下。

① 在"文件"选择卡中选中"打印"|"打印预览"选项,如图 6-45(a)所示,弹出如图 6-45(b)所示的"打印预览"窗口,其中会显示打印的效果。

② 若符合打印效果,可以单击"直接打印"按钮或"❎"按钮,返回工作表。

2. 打印

在打印预览后可以直接打印,打印工作表的操作方法如下。

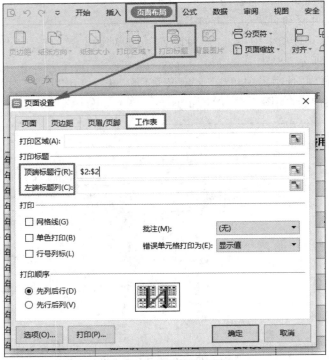

图 6-44 设置打印标题

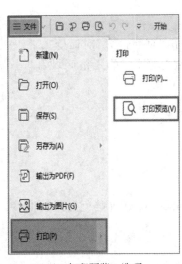

(a) "打印预览"选项

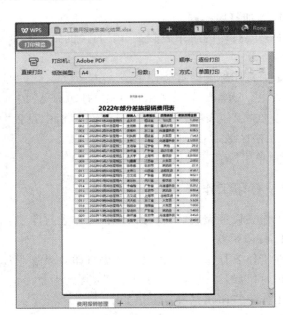

(b) "打印预览"窗口

图 6-45 设置打印预览

① 在"文件"菜单中选中"打印"|"打印"选项,如图 6-46(a)所示。

② 在弹出"打印"对话框中可设置打印机名称、打印范围、打印内容、打印份数等,如图 6-46(b)所示。

③ 单击"确定"按钮，开始打印。

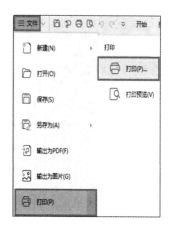

(a) "打印" 选项

(b) "打印" 对话框

图 6-46　设置打印

第7章 公式和函数应用

使用公式和函数可以轻松解决工作表中复杂的数据计算问题,提高了工作表数据处理工作效率。

7.1 认识公式

使用公式计算工作表数据后,当工作表数据发生变化时,公式计算的结果会自动更新计算结果。

7.1.1 基础知识

在使用公式解决工作表数据计算前,必须先学习公式的构成,以及公式如何输入和编辑公式。

1. 公式构成

公式由开头的等号"="、数据对象和运算符3部分构成。其中,数据对象可以是常量、单元格引用、单元格名称和函数;运算符是说明对运算对象进行何种操作,取决于运算的类型。

2. 运算符

运算符主要有算术运算符、关系运算符和字符运算符。

(1) 算术运算符。算术运算符主要用于数学计算,其组成和含义如表7-1所示。

表 7-1 算术运算符

算术运算符	含 义	示 例
+(加)	加法运算	3+6
-(减)	减法运算或负数	6-2
*(星号)	乘法运算	2*3
/(斜线)	除法运算	9/3
%(百分号)	百分比	30%
^(乘方符号)	乘幂运算	3^2

(2) 关系运算符。关系运算符用于判断条件是否成立,结果为逻辑值。若条件成立,则结果为 TRUE(真);若条件不成立,则结果为 FALSE(假)。

关系运算符组成和含义如表7-2所示。

表 7-2　比较运算符

关系运算符	含　　义	示　　例
=	等于	A1＝B1
>	大于	A1＞B1
<	小于	A1＜B1
>=	大于或等于	A1＞＝B1
<=	小于或等于	A1＜＝B1
<>	不等于	A1＜＞B1

（3）字符运算符。字符运算符只有一个符号"&"，含义如表 7-3 所示。

表 7-3　文本连接运算符

字符运算符	含　　义	示　　例
&（连接号）	连接两个或多个字符串	"中国"&"上海"&"北京"

（4）引用运算符。引用运算符用于合并单元格区域进行计算，如表 7-4 所示。

表 7-4　引用运算符

引用运算符	含　　义	示　　例
:（冒号）	区域运算符对包含两个单元格之间的区域引用	A3:B12
,（逗号）	合并运算符合并多个单元格引用	SUM(A3:A8,D5:D9)
（空格）	交叉运算符对引用单元格区域重叠区域引用	SUM(B2:D3 C1:C4)

📖提示：公式中包含多个运算符，运算优先级由高到低的顺序如下：引用运算符→算术运算符→字符运算符→关系运算符。

7.1.2　单元格引用

单元格引用是 WPS 表格中公式的重要组成部分。它用于指出公式中所用的数据和位置。单元格的引用方式有相对引用、绝对引用和混合引用 3 种。

1. 相对引用

相对引用是指公式中需要引用单元格的值时，直接用单元格名称表示。例如，如图 7-1 所示的单元格 B3 和 C3。

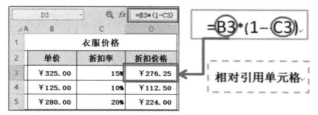

图 7-1　相对引用单元格

2. 绝对引用

绝对引用是指在公式中引用单元格时,在单元格名称的行号和列标前加"$"。使用绝对引用时,将公式复制到任何地方,该单元格引用都不会发生变化。例如,图7-2所示的"$C$2"。

3. 混合引用

混合引用是指在引用一个单元格地址时,既有绝对引用,又有相对引用。单元格可以是绝对列和相对行,或是绝对行和相对列,如图7-3所示。

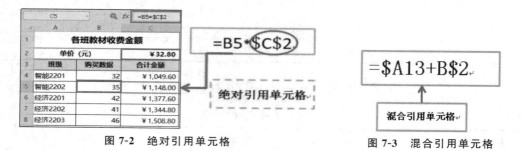

图7-2　绝对引用单元格　　　　　　　　图7-3　混合引用单元格

📖提示：按F4键可对单元格相对引用、绝对引用、混合引用相互切换。

7.1.3　公式的编辑和复制

使用WPS表格时,在计算任何数据之前都要先在单元格中根据实际情况输入相关公式,使系统按照公式完成计算。如果需要在几个单元格中使用同一个公式计算数据,可以通过复制公式操作完成。

1. 编辑公式

在工作表中进行数据计算时,编辑公式的方法如下。

① 选定要输入公式的单元格,例如图7-4中的E2单元格。

② 在E2单元格中输入"="(或在编辑栏中输入)。

③ 选中参加计算单元格:单击C2单元格,输入"＊",再单击D2单元格。

④ 按Enter键,确认公式完成,如图7-4所示。

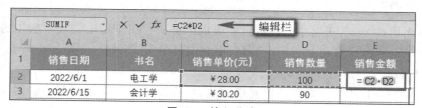

图7-4　输入公式

📖提示：若要对计算公式进行修改,只需双击公式所在单元格或按F2键。

2. 复制公式

若在多个单元格中使用相同的公式,可以使用复制公式。

可以直接拖动填充柄,也可以使用复制和粘贴操作完成复制公式完成。

（1）填充柄。复制公式,拖动填充柄或双击填充柄,计算比较方便快捷,如图7-5所示,操作方法如下。

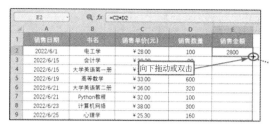

图 7-5　使用单元格的填充柄完成公式的复制

① 完成图 7-4 中 E2 单元格的公式计算。

② 将光标悬停在 E2 单元格的填充柄上,使之变成黑色十字形。

③ 再向下拖曳填充柄或双击填充柄到计算结束单元格,光标所经过的单元格区域完成复制公式。

（2）复制和粘贴操作。对于工作表中需要计算的行很多时,可以使用命令实现复制公式,操作方法如下。

① 完成图 7-4 中 E2 单元格中公式的计算。

② 选中单元格 E2,在"开始"选项卡中单击"复制"按钮。

③ 选中需要复制公式的单元格区域 E3:E17。

④ 在"开始"选项卡中单击"粘贴"按钮,在下拉菜单中选中"公式"选项,如图 7-6 所示。

图 7-6　通过复制和粘贴操作复制公式

7.1.4　引用其他工作表中的单元格

在编辑公式中还可以引用其他工作表中的单元格,这一操作称为"三维引用"。

1. 引用同一个工作簿中的单元格

公式中可以引用同一个工作簿中其他工作表中的单元格或单元格区域,如图 7-7 中的编辑栏所示。

语法格式:

工作表名称!单元格地址

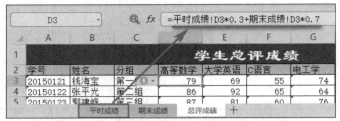

图 7-7 同一个工作簿中不同工作表之间单元格的引用

2. 引用不同工作簿中的单元格

公式中可以引用不同工作簿中的工作表单元格或单元格区域，如图 7-8 中的编辑栏所示。

图 7-8 不同工作簿中的工作表单元格引用

语法格式：

[工作簿名.xlsx]工作表名!单元格地址

案例 7.1 如图 7-9 所示工作表，完成如下任务操作。

任务 1：计算销售总额。公式为"销售总额＝单价＊销售数量"。

任务 2：设置"销售总额"列中的数字为货币型"￥"。

	A	B	C	D	E
1		一季度销售业绩表			
2	产品编号	产品名称	单价	销售数量（台）	销售总额
3	0023	华为手机	￥3,200.00	850	
4	0024	小米手机	￥2,850.00	700	
5	0025	扫地机器人	￥800.00	50	
6	0026	空气净化器	￥2,300.00	60	
7	0027	OPPO手机	￥1,299.00	120	
8	0028	vivo手机	￥1,699.00	100	
9	0029	小米液晶电视机75	￥2,899.00	40	
10	0030	Hisense液晶电视机55	￥1,299.00	20	
11	0031	华为笔记本14英寸	￥4,799.00	350	
12	0032	HP笔记本15.6英寸	￥2,999.00	25	

图 7-9 计算"销售总额"的工作表

案例实现方法如下。

任务 1 实现方法。

① 选定工作表中 E3 单元格，输入公式"＝C3＊D3"，如图 7-10 所示。

	A	B	C	D	E
1		一季度销售业绩表			
2	产品编号	产品名称	单价	销售数量（台）	销售总额
3	0023	华为手机	￥3,200.00	850	=C3＊D3

图 7-10 输入计算公式

② 按 Enter 键,双击 E3 单元格的填充柄,完成该列公式计算。

③ 选定单元格区域 E3:E12。

④ 在"开始"选项卡中单击"数字"组的对话框启动按钮。

⑤ 在弹出的"单元格对话框"的"数字"选项卡中进行设置,如图 7-11 所示。

⑥ 单击"确定"按钮,完成设置。

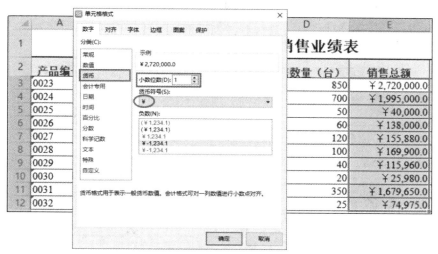

图 7-11 将单元格区域设置为"货币"格式

7.2 认 识 函 数

函数是 WPS 表格中为解决复杂计算而预置的公式,可方便和简化公式的使用。函数一般包括 3"＝"、函数名和参数部分。

7.2.1 函数

1. 使用函数的注意事项

① 函数是一种特殊的公式,所有的函数都是以"＝"开始。

② 函数名与"("之间没有空格,")"要紧跟在参数之后,各参数之间用","隔开。

③ 函数可以不带参数,但函数名后的"()"不能省略。

④ 函数可嵌套使用,即一个函数作为另一函数的参数使用。

2. 函数的类型

WPS 表格内置了数百种函数,最常用的有财务函数、逻辑函数、文本函数、日期和时间函数、查找与引用函数、数学和三角函数等,如图 7-12 所示。

图 7-12 常用的函数类型

7.2.2 函数的输入方法

在使用 WPS 表格时，可以通过多种方法输入函数，例如直接输入函数、插入函数和使用函数列表等。

1. 直接输入函数

对一些函数非常熟悉时，可以直接输入函数。首先选择单元格，直接在单元格中输入函数公式或在编辑栏中输入即可。

例如，直接输入如图 7-13 所示函数的方法如下。

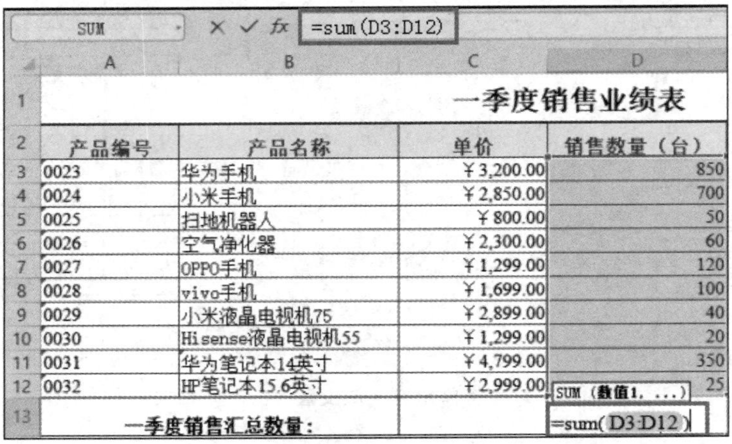

	A	B	C	D
1	一季度销售业绩表			
2	产品编号	产品名称	单价	销售数量（台）
3	0023	华为手机	￥3,200.00	850
4	0024	小米手机	￥2,850.00	700
5	0025	扫地机器人	￥800.00	50
6	0026	空气净化器	￥2,300.00	60
7	0027	OPPO手机	￥1,299.00	120
8	0028	vivo手机	￥1,699.00	100
9	0029	小米液晶电视机75	￥2,899.00	40
10	0030	Hisense液晶电视机55	￥1,299.00	20
11	0031	华为笔记本14英寸	￥4,799.00	350
12	0032	HP笔记本15.6英寸	￥2,999.00	25
13	一季度销售汇总数量：			=sum(D3:D12)

图 7-13 直接输入 SUM()函数

① 选定单元格 D13。

② 输入"＝sum(D3:D12)"。

③ 按 Enter 键，完成计算。

📖**提示**：在输入时，函数名称不区分大小写字母，但是输入完成后，系统均会自动识别为大写字母。

2. 插入函数

对于一些比较复杂的函数，若不清楚如何输入正确的函数公式，可以通过函数向导完成，以提高正确性。

使用插入函数的方法如下。

① 选中计算函数单元格。

② 单击编辑栏的 *fx* 按钮，或在"公式"选项卡中单击"插入函数"按钮，要插入弹出"插入函数"对话框，如图 7-14 所示。

③ 在"查找函数"文本框中输入函数名。在"或选择类别"下拉列表中选择函数类型。在"选择函数"列表框中选择使用的函数。

④ 单击"确定"按钮，弹出"函数参数"对话框，在其中设置其函数对应的参数，如图 7-15 所示。

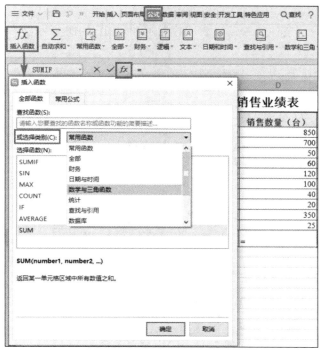

图 7-14 "插入函数"对话框

图 7-15 函数的参数

7.3 SUM、SUMIF 和 SUMIFS 函数

SUM、SUMIF 和 SUMIFS 函数都属于求和函数,是"数学和三角函数"类型中最常用的函数。

1. SUM 函数

功能:计算选定单元格区域所有数值的和。

语法格式:

SUM(数值 1,数值 2,…,数值 *n*)

其中,数值 *n* 最多为 255。

2. SUMIF 函数

功能:对满足一定条件的单元格区域数据求和,如图 7-16 所示。

语法格式:

SUMIF(条件区域,求和条件,求和区域)

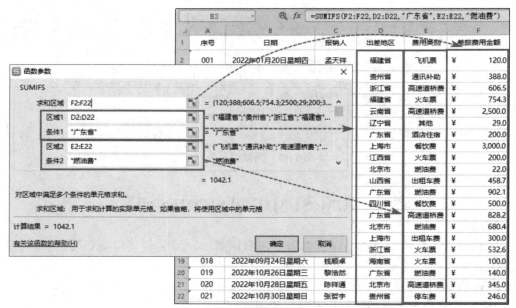

图 7-16 SUMIF 函数的使用

3. SUMIFS 函数

功能:对多条件的单元格区域求和计算,如图 7-17 所示。

图 7-17 SUMIFS 函数的使用

语法格式:

SUMIFS(求和区域,条件 1 区域,条件 1,[条件 2 区域],[条件 2]…)

其中,"[ ]"表示可选项。

7.4 COUNT、COUNTIF 和 COUNTIFS 函数

统计函数用于对数据区域进行统计分析。最常用的统计函数包括 COUNT、COUNTA、COUNTIF 和 COUNTIFS 函数等。

1. COUNT 函数

功能:对数据表中数值进行计数。能被计数的数值包括数字和用文本代表的数字,而错误值、逻辑值和文本等将被忽略。

语法格式:

COUNT(值 1,值 2,…)

例如,用 COUNT 函数对图 7-18 所示的 B1:E5 单元格区域进行统计的结果为 11,包含数值 10 个数和文本型数字"20221234"。

2. COUNTA 函数

功能:对数据表中单元格使用个数进行计数。

语法格式:

COUNTA(值 1,值 2,…)

例如,用 COUNTA 函数对图 7-18 所示的 B1:E5 单元格区域(除两个带底纹的空白单元格)进行统计的结果为 18。

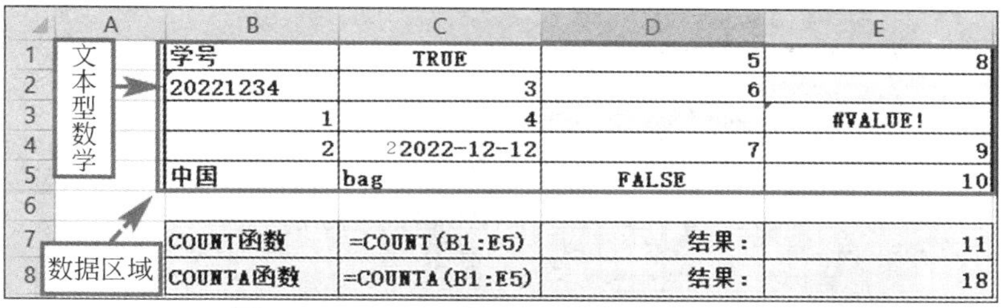

图 7-18　COUNT 和 COUNTA 函数的使用

3. COUNTIF 函数

功能:计算工作表单元格区域中满足指定条件的数据个数,如图 7-19 所示。

语法格式:

COUNTIF(区域,条件)

其中,"条件"参数可以为数字、表达式或文本。

4. COUNTIFS 函数

功能:计算满足多个条件的数据个数,如图 7-20 所示。

语法格式:

COUNTIFS(区域 1,条件 1,区域 2,条件 2,…)

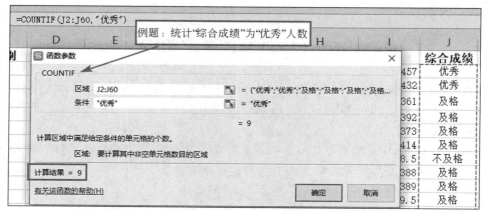

图 7-19　COUNTIF 函数的使用

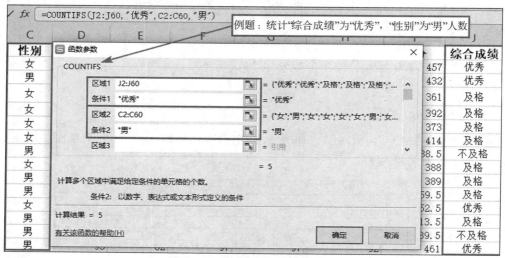

图 7-20　COUNTIFS 函数的使用

7.5　IF 和 IFS 函数

IF 和 IFS 函数均属于逻辑函数,可以进行逻辑判断。

1. IF 函数

功能:根据测试条件决定返回结果。

语法格式:

```
IF(测试条件,值1,值2)
```

其中,测试条件为逻辑表达式,当测试条件结果为 TRUE,则返回值 1;否则,返回值 2。

案例 7.2　在工作表中,根据体育课测试的平均分判断本学期体育成绩是否合格,若平均分大于或等于 60,则在综合成绩中填写"合格",否则填写"不合格"。

案例实现方法如下。

① 选中 H2 单元格。

② 在其中输入"＝IF"从弹出的函数列表中选中 IF，如图 7-21 所示。

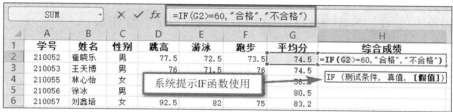

图 7-21　选中 IF 函数

③ 在 H2 单元格中输入公式"＝IF(G2＞＝60,"合格","不合格")"，如图 7-22 所示。

	A	B	C	D	E	F	G	H
	SUM	×	✓	fx	=IF(G2)=60,"合格","不合格")			
1	学号	姓名	性别	跳高	游泳	跑步	平均分	综合成绩
2	210052	崔晓乐	男	77.5	72.5	73.5	74.5	=IF(G2)=60,"合格","不合格")
3	210053	王天博	男	76	71.5	76	74.5	IF（测试条件，真值，【假值】）
4	210055	林心怡	女				58.8	
5	210056	徐冰	男				80.5	
6	210057	刘鑫培	女	92.5	82	75	83.2	

系统提示IF函数使用

图 7-22　输入 IF 函数

④ 按 Enter 键，再双击 H2 单元格的填充柄，计算结果如图 7-23 所示。

	A	B	C	D	E	F	G	H
	H2			⊕	fx	=IF(G2)=60,"合格","不合格")		
1	学号	姓名	性别	跳高	游泳	跑步	平均分	综合成绩
2	210052	崔晓乐	男	77.5	72.5	73.5	74.5	合格
3	210053	王天博	男	76	71.5	76	74.5	合格
4	210055	林心怡	女	81.5	40	55	58.8	不合格
5	210056	徐冰	男	79.5	87.5	74.5	80.5	合格
6	210057	刘鑫培	女	92.5	82	75	83.2	合格
7	210058	李林欣	男	90	83	73.5	82.2	合格
8	210059	陈洁	男	62	75	84.5	73.8	合格
9	210060	陈渝	男	66	50	61	59.0	不合格
10	210061	李文涛	女	79.5	73	79.5	77.3	合格
11	210062	高林	女	71	60	66.5	65.8	合格
12	210063	李飞杭	女	64	70.5	62	65.5	合格
13	210064	曹光玮	男	74	85.5	73.5	77.7	合格
14	210076	陈怡	女	81	83	75.5	79.8	合格
15	210096	高一可	女	50	60	43	51.0	不合格
16	210097	许琴悦	女	75.5	74	76	75.2	合格
17	210098	林妙	女	67.5	82	95.5	81.7	合格
18	210099	陈乐诗	男	81	85	79.5	81.8	合格
19	210100	钟佳邑	男	63	79.5	88.5	77.0	合格
20	210101	韩畅	男	64	82.5	72	72.8	合格

图 7-23　IF 函数的计算结果

2. IFS 函数

功能：判断是否满足一个或多个条件，并返回符合第一个条件为 TRUE 时的值。

语法格式：

IF(测试条件 1,值 1,测试条件 2,值 2,…)

其中,测试条件 1 为要判断的条件;值 1 为测试条件 1 结果为 TRUE 时要输出的内容。如果测试条件 1 的结果为 FALSE 时,接着判断测试条件 2。值 2 表示当测试条件 2 的结果为 TRUE 时要输出的内容。IFS 函数允许测试条件最多 127 个,并且条件间必须按正确的序列输入。

案例 7.3　在工作表中根据本学期各课成绩总分填写评定等级,等级评定标准:

若总分大于或等于 400,则评定等级为"优秀";

若总分大于或等于 350,则评定等级为"良好";

若总分大于或等于 300,则评定等级为"及格";

若总分小于 300,则评定等级为"不及格"。

案例实现方法如下。

① 选定 K2 单元格。

② 单击编辑栏的 *fx* 按钮。

③ 在弹出的"插入函数"对话框中选中 IFS 函数,如图 7-24 所示。

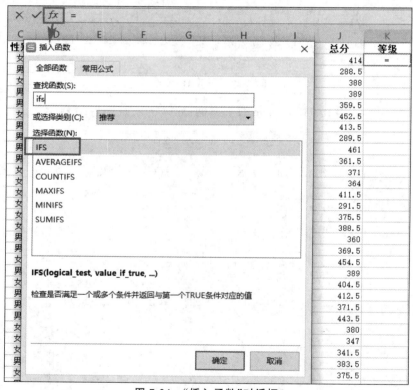

图 7-24 "插入函数"对话框

　④ 单击"确定"按钮,弹出"函数参数"对话框,设置每一个评定等级条件,如图 7-25 所示设置。

　⑤ 按 Enter 键,再双击 K2 单元格的填充柄,结果如图 7-26 所示。

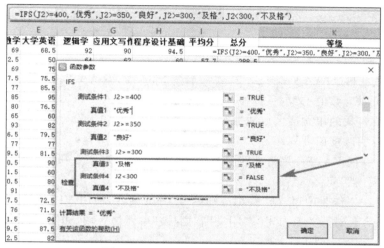

图 7-25　设置 IFS 函数的多个条件

	A	B	C	D	E	F	G	H	I	J	K
	K6			fx	=IFS(J6>=400,"优秀",J6>=350,"良好",J6>=300,"及格",J6<300,"不及格")						
1	学号	姓名	性别	高等数学	大学英语	逻辑学	应用文写作	程序设计基础	平均分	总分	等级
2	21028	李萌	女	69	68.5	92	90	94.5	82.8	414	优秀
3	21029	李丁	男	52.5	50	64	62	60	57.7	288.5	不及格
4	21030	梁玮芸	女	69	75	89	80	75	77.6	388	良好
5	21031	高靖扬	男	77.5	75.5	79	77	80	77.8	389	良好
6	21032	郝浚伊	男	77	85.5	63.5	61.5	72	71.9	359.5	良好
7	21033	鲁颜	女	85	95	94	86.5	92	90.5	452.5	优秀
8	21034	吴天一	男	80	76.5	89.5	87.5	80	82.7	413.5	优秀
9	21035	董婧雯	男	65	60	50	52.5	62	57.9	289.5	不及格
10	21036	周沫	女	93	82	97	97	92	92.2	461	优秀
11	21037	蔡洁	男	76.5	79.5	68	66	71.5	72.3	361.5	良好
12	21038	蔡昕凌	女	77	77	73	71	73	74.2	371	良好
13	21042	高雷	女	79.5	81.5	71.5	69.5	62	72.8	364	良好
14	21043	王萍	女	80.5	90	63.5	85	92.5	82.3	411.5	优秀
15	21044	冯紫寒	女	71.5	60	52	50	58.3	58.3	291.5	不及格
16	21045	袁颖	女	60.5	80	80.5	78.5	76	75.1	375.5	良好
17	21051	李琛	女	91	86	73	71	67.5	77.7	388.5	良好
18	21052	崔晓乐	男	77.5	72.5	73.5	71.5	65	72	360	良好
19	21053	王天博	男	76	71.5	76	74	72	73.9	369.5	良好
20	21055	林心怡	女	81.5	94	94	90	95	90.9	454.5	优秀
21	21056	徐冰	男	79.5	87.5	74.5	72.5	75	77.8	389	良好
22	21057	刘鑫培	女	92.5	82	75	73	82	80.9	404.5	优秀
23	21058	李林欣	女	93.5	83	73.5	71.5	91	82.5	412.5	优秀
24	21059	陈洁	男	62	75	84.5	82.5	67.5	74.3	371.5	良好
25	21060	陈渝	男	96	84	98	96	69.5	88.7	443.5	优秀
26	21061	李文涛	女	79.5	73	79.5	77.5	70.5	76	380	良好
27	21062	高林	女	71	60	66.5	64.5	85	69.4	347	及格
28	21063	李飞杭	女	64	70.5	62	85	60	68.3	341.5	及格

图 7-26　IFS 函数的计算结果

7.6　VLOOKUP 和 HLOOKUP 函数

VLOOKUP 和 HLOOKUP 函数属于查找与引用函数的功能,可以实现按指定的条件对数据进行查找、选择等操作。

1. VLOOKUP 函数

功能:在数据表的首列查找指定的数值相匹配的值,并将指定列的匹配值填入当前数据表的当前列中。

语法格式：

VLOOKUP(查找值,数据表,列序数,[匹配条件])

其中,参数说明如下。

查找值：可以为数值、文本字符和引用单元格。

数据表：要查找的单元格区域或数组。

列序号：返回匹配值的列序号。

匹配条件：0 或 FALSE 是精准匹配查找,多数查找填 0;1 或 TRUE 是模糊匹配查找,不填写则默认模糊匹配。

案例 7.4 在工作表中,依据"费用类别编号"列的内容,使用 VLOOKUP 函数生成"费用类别"列的内容。对照关系参考"费用类别对照表"单元格区域,如图 7-27 所示。

B	C	D	E	F	G	H	I	J	K
日期	报销人	出差地区	费用类别编号	费用类别	差旅费用金额			费用类别对照表	
2022年1月20日	孟天祥	福建省	BIC-001		￥120.00			类别编号	费用类别
2022年1月31日	王炫皓	贵州省	BIC-002		￥388.00			BIC-003	餐饮费
2022年2月5日	唐雅林	浙江省	BIC-003		￥606.50			BIC-004	出租车费
2022年2月7日	刘长辉	福建省	BIC-004		￥754.30			BIC-001	飞机票
2022年2月25日	王崇江	云南省	BIC-005		￥2,500.00			BIC-006	高速道桥费
2022年3月1日	王海德	辽宁省	BIC-006		￥29.00			BIC-005	火车票
2022年4月21日	陈祥通	广东省	BIC-007		￥200.00			BIC-002	酒店住宿
2022年4月22日	王天宇	上海市	BIC-005		￥3,000.00			BIC-010	其他
2022年5月27日	刘露露	江西省	BIC-006		￥200.00			BIC-007	燃油费
2022年5月29日	徐志晨	北京市	BIC-007		￥22.00			BIC-008	停车费
2022年6月3日	王崇江	山西省	BIC-008		￥458.70			BIC-009	通讯补助

图 7-27　数据表

案例实现方法如下。

① 选中 F2 单元格。

② 单击编辑栏中的 f_x 按钮,弹出"插入函数"对话框,在其中选中 VLOOKUP 函数,如图 7-28 所示。

③ 单击"确定"按钮,弹出"函数参数"对话框,设置查找值、数据表、列序数和匹配条件,如图 7-29 所示。

④ 单击"确定"按钮,再双击 F2 单元格的填充柄,结果如图 7-30 所示。

2. HLOOKUP 函数

功能：在数据表的首行查找指定的数值相匹配的值,并将指定行的匹配值填入当前数据表的当前行中。

语法格式：

HLOOKUP(查找值,数据表,行序数,[匹配条件])

其中,参数的说明和使用同 VLOOKUP 函数相类似。

案例 7.5 在工作表中,依据"费用类别编号"列的内容,使用 HLOOKUP 函数生成"费用类别"列的内容。依据数据表区域 A1;K2 内容,如图 7-31 所示。

案例实现方法如下。

① 选中 F7 单元格。

图 7-28　"插入函数"对话框

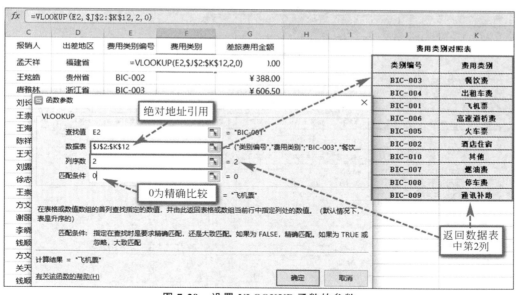

图 7-29　设置 VLOOKUP 函数的参数

② 单击编辑栏中的 fx 按钮，弹出"插入函数"对话框，从中选中 HLOOKUP 函数。

③ 在弹出的"函数参数"对话框中设置查找值、数据表区域、行序号和匹配条件，如图 7-32 所示设置。

④ 单击"确定"按钮，再双击 F7 单元格的填充柄，结果如图 7-33 所示。

F2　=VLOOKUP(E2, $J$2:$K$12, 2, 0)

序号	日期	报销人	出差地区	费用类别编号	费用类别	差旅费用金额		费用类别对照表	
								类别编号	费用类别
001	2022年1月20日	孟天祥	福建省	BIC-001	飞机票	￥120.00		BIC-003	餐饮费
002	2022年1月31日	王炫皓	贵州省	BIC-002	酒店住宿	￥388.00		BIC-004	出租车费
003	2022年2月5日	唐雅林	浙江省	BIC-003	餐饮费	￥606.50		BIC-001	飞机票
004	2022年2月7日	刘长辉	福建省	BIC-004	出租车费	￥754.30		BIC-006	高速道桥费
005	2022年2月25日	王崇江	云南省	BIC-005	火车票	￥2,500.00		BIC-005	火车票
006	2022年3月1日	王海德	辽宁省	BIC-006	高速道桥费	￥29.00		BIC-002	酒店住宿
007	2022年4月21日	陈祥通	广东省	BIC-007	燃油费	￥200.00		BIC-010	其他
008	2022年4月22日	王天宇	上海市	BIC-005	火车票	￥3,000.00		BIC-007	燃油费
009	2022年5月27日	刘露露	江西省	BIC-006	高速道桥费	￥200.00		BIC-008	停车费
010	2022年5月29日	徐志晨	北京市	BIC-007	燃油费	￥22.00		BIC-009	通讯补助
011	2022年6月3日	王崇江	山西省	BIC-008	停车费	￥458.70			
012	2022年6月9日	方文成	广东省	BIC-009	通讯补助	￥902.10			
013	2022年7月2日	谢丽秋	四川省	BIC-010	其他	￥500.00			
014	2022年7月8日	李晓梅	广东省	BIC-003	餐饮费	￥828.20			
015	2022年8月6日	钱顺卓	北京市	BIC-004	出租车费	￥680.40			
016	2022年8月23日	方文成	上海市	BIC-005	火车票	￥300.00			
017	2022年9月4日	关天胜	浙江省	BIC-006	高速道桥费	￥532.60			
018	2022年9月24日	钱顺卓	海南省	BIC-007	燃油费	￥100.00			
019	2022年10月26日	黎浩然	广东省	BIC-005	火车票	￥140.00			
020	2022年10月28日	陈祥通	北京市	BIC-006	高速道桥费	￥345.00			
021	2022年10月30日	张哲宇	贵州省	BIC-007	燃油费	￥246.00			

图 7-30　VLOOKUP 函数的计算结果

类别编号	BIC-003	BIC-004	BIC-001	BIC-006	BIC-005	BIC-002	BIC-010	BIC-007	BIC-008	BIC-009
费用类别	餐饮费	出租车费	飞机票	高速道桥费	火车票	酒店住宿	其他	燃油费	停车费	通讯补助

序号	日期	报销人	出差地区	费用类别编号	费用类别	差旅费用金额
001	2022年1月20日	孟天祥	福建省	BIC-001		￥120.00
002	2022年1月31日	王炫皓	贵州省	BIC-002		￥388.00
003	2022年2月5日	唐雅林	浙江省	BIC-003		￥606.50
004	2022年2月7日	刘长辉	福建省	BIC-004		￥754.30
005	2022年2月25日	王崇江	云南省	BIC-005		￥2,500.00

图 7-31　数据表

HLOOKUP　×√fx =HLOOKUP(E7, $A$1:$K$2, 2, 0)

类别编号	BIC-003	BIC-004	BIC-001	BIC-006	BIC-005	BIC-002	BIC-010	BIC-007	BIC-008	BIC-009
费用类别	餐饮费	出租车费	飞机票	高速道桥费	火车票	酒店住宿	其他	燃油费	停车费	通讯补助

序号	日期	报销人	出差地区	费用类别编号	费用类别	差旅费用金额
001	2022年1月20日	孟天祥	福建省	=HLOOKUP(E7,$A$1:$K$2,2,0)		
002	2022年1月31日	王炫皓	贵州省	BIC-002		￥388.00
003	2022年2月5日	唐雅林	浙江省	BIC-003		￥606.50
004	2022年2月7日	刘长辉	福建省	BIC-004		￥754.30
005	2022年2月25日	王崇江				
006	2022年3月1日	王海德				
007	2022年4月21日	陈祥通				
008	2022年4月22日	王天宇				
009	2022年5月27日	刘露露				
010	2022年5月29日	徐志晨				
011	2022年6月3日	王崇江				
012	2022年6月9日	方文成				
013	2022年7月2日	谢丽秋				
014	2022年7月8日	李晓梅				
015	2022年8月6日	钱顺卓				
016	2022年8月23日	方文成				
017	2022年9月4日	关天胜				
018	2022年9月24日	钱顺卓				

函数参数　×

HLOOKUP

查找值　E7　= "BIC-001"

数据表　$A$1:$K$2　= {"类别编号","BIC-003","BIC-004","BIC-...

行序数　2　= 2

匹配条件　0　= 0

= "飞机票"

在表格或数值数组的首行查找指定的数值，并由此返回表格或数组当前列中指定行处的数值。（默认情况下，表是升序的）

查找值：需要在数据表首行进行搜索的值，可以是数值、引用或字符串

计算结果 = "飞机票"

有关该函数的帮助(H)　　确定　取消

数据区域

图 7-32　设置 HLOOKUP 函数的参数

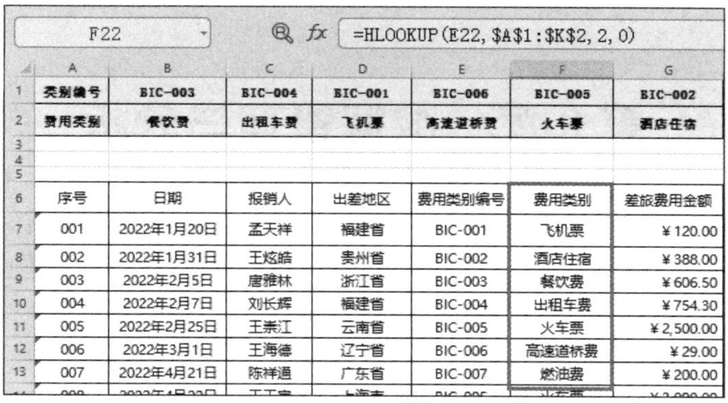

	F22	▼		⊕ fx	=HLOOKUP(E22,$A$1:$K$2,2,0)	
▲	A	B	C	D	E	F	G

	A	B	C	D	E	F	G
1	类别编号	BIC-003	BIC-004	BIC-001	BIC-006	BIC-005	BIC-002
2	费用类别	餐饮费	出租车费	飞机票	高速道桥费	火车票	酒店住宿
3							
4							
5							
6	序号	日期	报销人	出差地区	费用类别编号	费用类别	差旅费用金额
7	001	2022年1月20日	孟天祥	福建省	BIC-001	飞机票	¥120.00
8	002	2022年1月31日	王炫皓	贵州省	BIC-002	酒店住宿	¥388.00
9	003	2022年2月5日	唐雅林	浙江省	BIC-003	餐饮费	¥606.50
10	004	2022年2月7日	刘长辉	福建省	BIC-004	出租车费	¥754.30
11	005	2022年2月25日	王素江	云南省	BIC-005	火车票	¥2,500.00
12	006	2022年3月1日	王海德	辽宁省	BIC-006	高速道桥费	¥29.00
13	007	2022年4月21日	陈祥通	广东省	BIC-007	燃油费	¥200.00
14	008	2022年4月22日	王天寿	上海市	BIC-005	火车票	¥3,090.00

图 7-33 函数 HLOOKUP 的计算结果

第8章　数据管理与分析

通过 WPS 表格可以对数据进行处理和分析。日常办公中,使用 WPS 表格作为数据分析工具,可大大提高工作效率。本章主要介绍如何利用排序、筛选,分类汇总和数据透视表等功能进行数据分析。

8.1　数 据 排 序

使用 WPS 表格时,可使用多种方法对数据区域进行排序,既可以按升序、降序,也可以由用户自定义排序。

1. 简单排序

简单排序是指对工作表的某一列进行排序,具体操作方法如下。

① 选定要排序列中的任意一个单元格。

② 在"开始"选项卡或"数据"选项卡中单击"排序"按钮,从下拉菜单中选中"升序"或"降序",如图 8-1 所示。

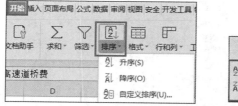

图 8-1 "开始"和"数据"选项卡排序

2. 多关键字排序

多关键字排序就是工作表中的数据按照两个或两个以上的关键字进行排序。多关键字排序可使数据或格式在"主要关键字"相同的情况下,按"次要关键字"排序。

多关键字排序方法如下。

① 单击数据区域中的任意单元格。

② 在"数据"选项卡中单击"排序"按钮。

③ 在弹出的"排序"对话框中设置"主要关键字"标题名称、排序依据和次序。

④ 当需要添加次要关键字时,单击"添加条件"按钮,输入次要关键字的标题名称、排序依据和次序,如图 8-2 所示。

⑤ 单击"确定"按钮,完成排序。

3. 自定义排序

系统提供字母、笔画、数值和颜色等顺序的排序方式。如果按照特定的顺序进行排序,需要设置自定义排序。

下面通过案例,介绍自定义排序的方法。

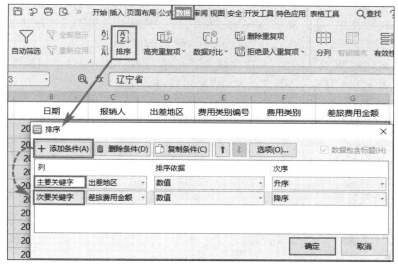

图 8-2 设置多关键字排序

案例 8.1 在"10 月报销费用"工作表中,完成如下任务操作。

任务 1:对"费用类别"关键字排序顺序为"飞机票、燃油费、火车票、出租车费、高速道桥费、餐饮费",排序结果如图 8-3 右边框线中所示。

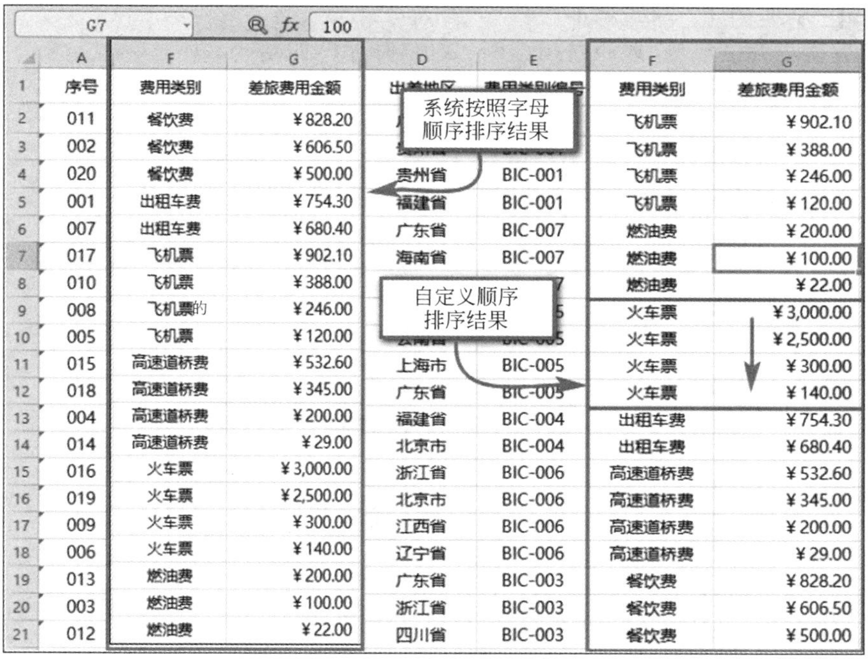

图 8-3 自定义排序结果

任务 2:在"费用类别"相同情况下,再按"差旅费用金额"降序排序。

案例实现方法如下。

① 将单元格放置在数据区域。

② 在"开始"选项卡中单击"排序"按钮,从下拉菜单中选中"自定义排序"选项。

③ 在弹出的"排序"对话框中,将主关键字设置为"费用类别","排序依据"设置为"数值",次序设置为"自定义序列",弹出"自定义序列"对话框。

④ 在"输入序列"文本框中输入排序顺序。单击"添加"按钮,将序列添加到"自定义序列"文本框中,如图 8-4 所示。再单击"确定"按钮,返回"排序"对话框。

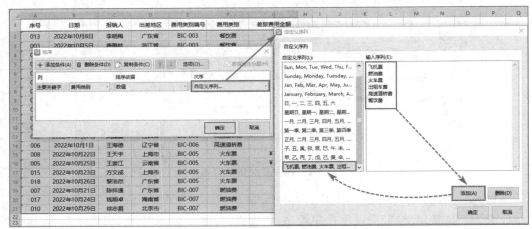

图 8-4　设置"自定义序列"

⑤ 单击"添加条件"按钮,增加一行"次要关键字"。

⑥ 设置次要关键字为"差旅费用金额、数值、降序",如图 8-5 所示。

⑦ 单击"确定"按钮,完成排序。

图 8-5　添加"次要关键字"

8.2　数据筛选

筛选是让工作表只显示满足指定条件的记录行,将不满足条件的记录行隐藏。WPS 表格提供了自动筛选和高级筛选功能。

1. 自动筛选

自动筛选是一种简单方便的筛选方法,具体操作方法如下。

① 选中数据区域中的单元格。

② 在"开始"选项卡中单击"筛选"按钮,从下拉菜单中选中"筛选"选项,或在"数据"选项卡中单击"自动筛选"按钮,如图 8-6 所示。在每个字段名右边出现 ▼ 按钮。

图 8-6 "自动筛选"操作

📖提示：在"数据"选项卡中再次单击"自动筛选"按钮，即可取消自动筛选。

案例 8.2 在工作表中，筛选出"平均分≥90"或"平均分<60"的同学的记录。

案例实现方法如下。

① 选中数据区域中的单元格。

② 在"数据"选项卡中单击"自动筛选"按钮。

③ 单击"平均分"单元格右边▼按钮，从下拉列表中选中"数字筛选"|"自定义筛选"选项，如图 8-7 所示。

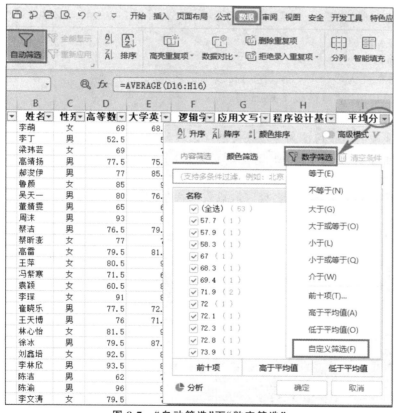

图 8-7 "自动筛选"下"数字筛选"

④ 在弹出的"自定义自动筛选方式"对话框中，设置平均分"大于或等于"为"90"，单击"或"单选按钮，设置"小于"为"60"，如图 8-8 所示设置。

⑤ 单击"确定"按钮，工作表自动筛选结果如图 8-9 所示。

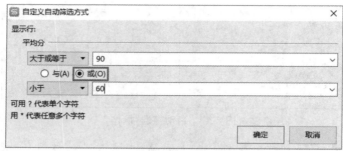

图 8-8　设置自定义筛选条件

	学号	姓名	性别	高等数	大学英	逻辑字	应用文写	程序设计基	平均分	总分	等级
3	21029	李丁	男	52.5	50	64	62	60	57.7	288.5	不及格
7	21033	鲁颜	女	85	95	94	86.5	92	90.5	452.5	优秀
9	21035	董婧雯	男	65	60	50	52.5	62	57.9	289.5	不及格
10	21036	周沫	男	93	82	97	97	92	92.2		优秀
15	21044	冯紫寒	女	71.5	60	52	50	58	58.3		及格
20	21055	林心怡	女	81.5	94	94	90	95	90.9	454.5	优秀
36	21082	王威	男	81	91.5	97	95	92	91.3	456.5	优秀
40	21086	秦旭昆	女	93	88	98	85	94	91.6	458	优秀
43	21089	顾岩	男	80	77	98	95	95	91	455	优秀

（筛选后）

图 8-9　"自动筛选"结果

2. 高级筛选

当筛选的条件为多个时，可以使用高级筛选功能。

（1）"高级筛选"应遵循以下规则。

① 条件区域设置在数据区域之外。

② 条件区域的第一行作为筛选条件的字段名，必须要与数据表中的字段名一致。

③ 在条件区域，输入条件在同行为"与"关系，否则为"或"关系。

（2）运用"高级筛选"具体方法如下。

① 首先在数据区域之外的条件区域输入筛选条件。

② 将活动单元格置于数据区域。

③ 在"开始"选项卡中单击"筛选"按钮，从下拉菜单中选中"高级筛选"选项，如图 8-10 所示。

④ 在弹出的如图 8-11 所示的"高级筛选"对话框中进行如下设置。

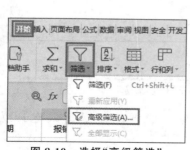

图 8-10　选择"高级筛选"

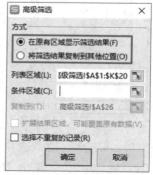

图 8-11　"高级筛选"对话框

"方式"：用于设置将筛选结果复制到原区域还是其他位置。

"列表区域"：用于设置参加筛选的数据区域。

"条件区域"：用于设置高级筛选设置的条件区域。

下面案例介绍了高级筛选的使用方法。

案例 8.3 在工作表中，筛选出"班级"为"三班"且"总分"大于或等于"400"或"总分"小于或等于"300"，满足条件的记录显示位置从单元格 A26 开始。

案例实现方法如下。

① 在数据区域之外按题目要求输入筛选条件，如图 8-12 所示。

② 将活动单元格置于数据区域。

③ 在"开始"选项卡中单击"筛选"按钮，从下拉菜单中选中"高级筛选"选项。

④ 在弹出的"高级筛选"对话框中设置条件区域、筛选结果复制的位置等，如图 8-12 所示。

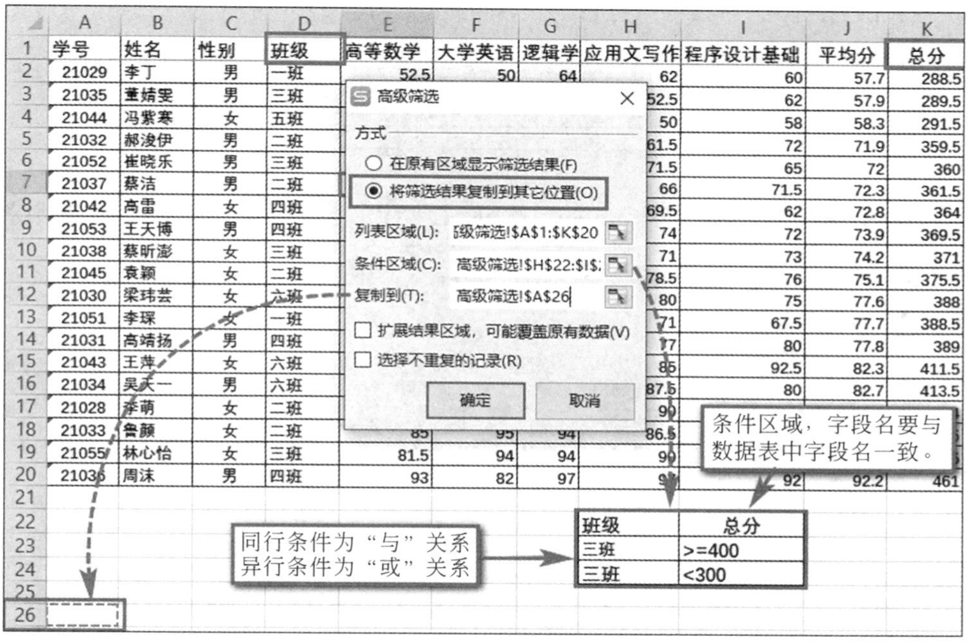

图 8-12 设置"高级筛选"条件

⑤ 单击"确定"按钮，筛选结果如图 8-13 中第 26 行之后的记录。

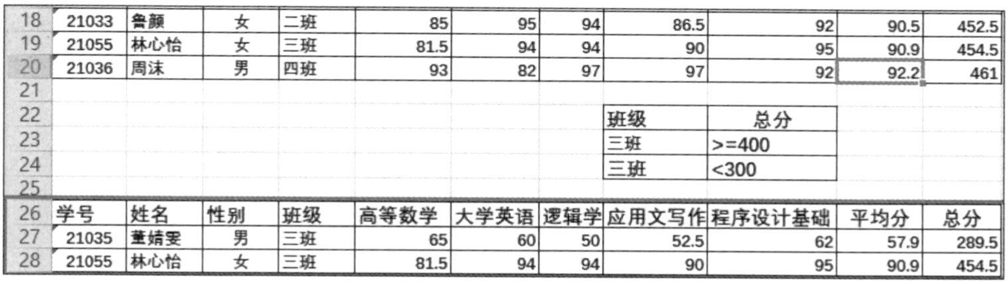

图 8-13 "高级筛选"的结果

8.3 分 类 汇 总

当工作表中包含大量数据时,需要对数据分门别类进行统计作。分类汇总包括根据指定字段进行求和、求平均值等工作,汇总后还可对不同类别的明细数据进行分级显示。

创建分类汇总之前,应先对分类字段进行排序。

下面案例介绍了分类汇总的使用方法。

案例 8.4 在工作表中,将"班级"字段按"一班""二班"……"六班"排序,再对各班"高等数学""程序设计基础""平均分"3 个字段求平均值。

案例实现方法如下。

① 将活动单元格放在"班级"列。

② 在"开始"选项卡中单击"排序"按钮,从下拉菜单中选中"自定义排序"选项。

③ 在弹出的"排序"对话框中进行设置,排序结果如图 8-14 所示。

图 8-14 设置"班级"字段的排序

④ 在"数据"选项卡中单击"分类汇总"按钮,弹出"分类汇总"对话框,如图 8-15 所示。

⑤ 在弹出的"分类汇总"对话框中进行如下设置。

• 在"分类字段"下拉列表中选中"班级"。

• 在"汇总方式"下拉列表中选中"平均值"。

• 在"选定汇总项"框中选中"高等数学""程序设计基础""平均分"。

• 选中"汇总结果显示在数据下方"复选框。

• 单击"确定"按钮,得到汇总结果,如图 8-16 所示。

📖提示:在图 8-15 所示的"分类汇总"对话框中,单击"全部删除"按钮,即可撤销分类汇总。

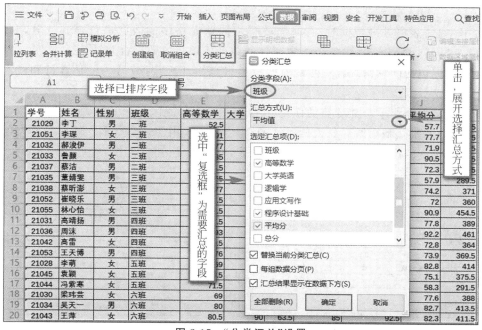

图 8-15 "分类汇总"设置

1 2 3		A	B	C	D	E	F	G	H	I	J	K
		学号	姓名	性别	班级	高等数学	大学英语	逻辑学	应用文写作	程序设计基础	平均分	总分
	2						64		62	60	57.7	288.5
	3						73		71	67.5	77.7	388.5
	4				一班 平均值	71.75				63.75	67.7	
	5	21032	郝浚伊	男	二班	77	85.5	63.5	61.5	72	71.9	359.5
	6	21033	鲁颜	女	二班	85	95	94	86.5	92	90.5	452.5
	7	21037	蔡洁	男	二班	76.5	79.5	68	66	71.5	72.3	361.5
	8				二班 平均值	79.5				78.5	78.23333	
	9	21035	董婧雯	男	三班	65	60	50	52.5	62	57.9	289.5
	10	21038	蔡昕澎	女	三班	77	77	73	71	73	74.2	371
	11	21052	崔晓乐	男	三班	77.5	72.5	73.5	71.5	65	72	360
	12	21055	林心怡	女	三班	81.5	94	94	90	95	90.9	454.5
	13				三班 平均值	75.25				73.75	73.75	
	14	21031	高靖扬	男	四班	77.5	75.5	79	77	80	77.8	389
	15	21036	周沫	男	四班	93	82	97	97	92	92.2	461
	16	21042	高雷	女	四班	79.5	81.5	71.5	69.5	62	72.8	364
	17	21053	王天博	男	四班	76	71.5	76	74	72	73.9	369.5
	18				四班 平均值	81.5				76.5	79.175	
	19	21028	李萌	女	五班	69	68.5	92	90	94.5	82.8	414
	20	21045	袁颖	女	五班	60.5	80	80.5	78.5	76	75.1	375.5
	21	21044	冯紫寒	女	五班	71.5	60	52	50	58	58.3	291.5
	22				五班 平均值	67				76.16666667	72.06667	
	23	21030	梁玮芸	女	六班	69	75	89	80	75	77.6	388
	24	21034	吴天一	男	六班	80	76.5	89.5	87.5	80	82.7	413.5
	25	21043	王萍	女	六班	80.5	90	63.5	85	92.5	82.3	411.5
	26				六班 平均值	76.5				82.5	80.86667	
	27				总平均值	75.763158				75.78947368	75.82105	

汇总结果可以分级显示, 单击数字, 显示对应的级别

图 8-16 "分类汇总"结果

8.4 合并计算

在用 WPS 表格处理数据时,有时需要将不同单元格中的数据进行合并计算,利用"合并计算"工具可以把多个表中符合指定条件的单列或单行的数据合并计算。

合并计算包括两种情况:一种是根据位置来合并计算数据;另一种是首行和最左列分类来合并计算数据。

下面的案例介绍了合并计算的使用方法。

案例 8.5 张弘和李博弈二人四季度的产品销售量如图 8-17 所示。使用"合并计算"功能将二人四季度的产品销售量按产品合并计算到"四季度销售"工作表中。

	产品销售量				产品销售量		
产品	10月	11月	12月	产品	10月	11月	12月
电视	23	30	36	电视	30	26	40
空调	15	22	18	空调	20	32	22
电水壶	30	18	15	电水壶	20	33	19
电吹风机	10	27	24	电吹风机	17	25	18
加湿器	9	33	40				

图 8-17 "张弘"和"李博弈"产品销售表

案例实现方法如下。

① 选中"四季度销售"工作表的 A1 单元格。

② 在"数据"选项卡中单击"合并计算"按钮,弹出"合并计算"对话框。

③ 在"函数"列表中选中"求和",如图 8-18 所示。

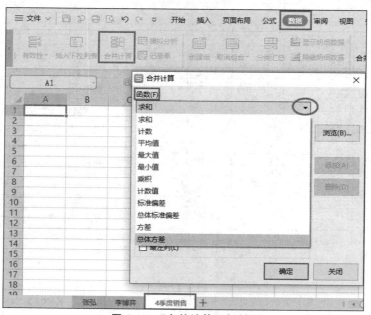

图 8-18 "合并计算"对话框

④ 在"引用位置"框中选中"张弘"，再选定数据区域 A2：D7，单击"添加"按钮，如图 8-19 所示。

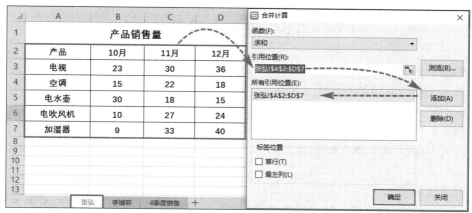

图 8-19　添加合并数据区域

⑤ 以此类推，再将"李博弈"工作表的数据区域添加到"合并计算"对话框中，如图 8-20 所示。

⑥ 在"标签位置"栏中选中"首行"和"最左列"复选框，如图 8-20 所示。

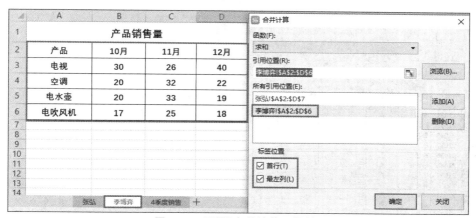

图 8-20　设置"合并计算"对话框

⑦ 单击"确定"按钮，合并结果如图 8-21 所示。

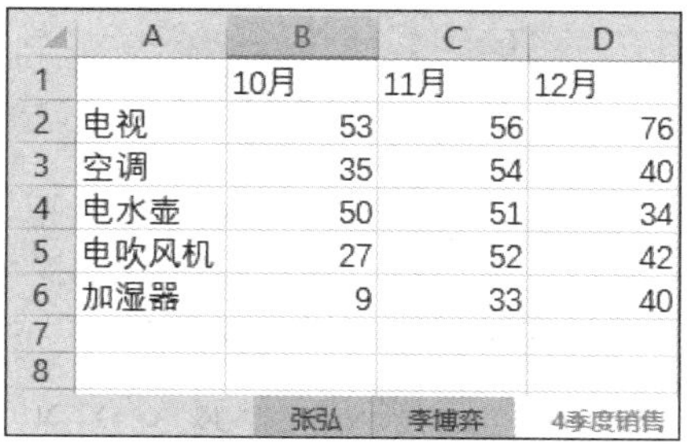

图 8-21　"合并计算"结果

提示：注意观察"张弘"和"李博弈"两个表数据的区别及合并计算后的表数据的变化。思考该例题能否使用位置进行合并计算。

8.5 数据透视表

数据透视表是一种对大量数据快速汇总和建立交叉列表的交互式表格，可以通过转换行和列显示工作表数据的不同汇总结果。

下面的案例介绍了数据透视表使用方法。

案例 8.6 在"成绩表"中，利用数据透视表功能汇总各班男生和女生人数，要求"列标签"为"班级"字段，"行标签"为"性别"字段，汇总结果放置在新工作表中，并将其命名为"数据透视表"。

案例实现方法如下。

① 选定"成绩表"数据区域中任意的单元格。

② 在"插入"选项卡中单击"数据透视表"按钮。

③ 在弹出的"创建数据透视表"对话框中，设置数据表的区域范围和放置数据表的位置，如图 8-22 所示。

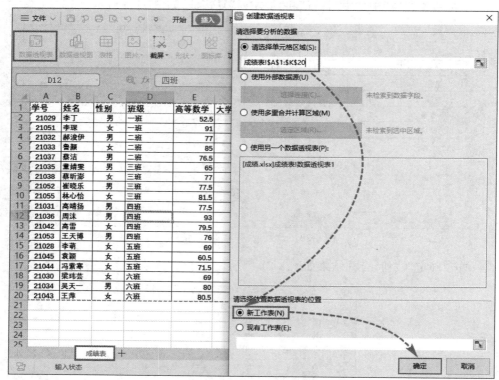

图 8-22 创建数据透视表

④ 单击"确定"按钮，创建一个空白的数据透视表。

⑤ 空白数据透视表的右侧为设置窗格，左侧为设置显示结果区域，如图 8-23 所示。在右侧设置窗格的"将字段拖动至数据透视表区域"列表中。将"班级"拖入"列"区域中。将

"性别"拖入"行"区域中。将"学号"拖入"值"（在值区域单击下拉列表，选择"计数"）。在左
侧汇总出各班男女生人数。

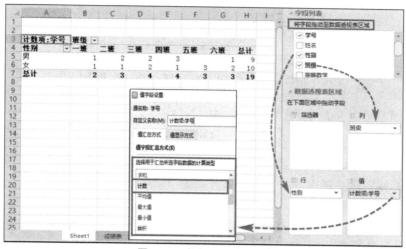

图 8-23 数据透视表结果

⑥ 工作表命名，双击工作表的标签区，将 Sheet1 改为"数据透视表"，按 Enter 键完成
设置。

8.6 模 拟 分 析

模拟分析是指通过改变某些单元格的值，观察工作表中引用的这些单元格的特定公式的
计算结果发生变化的过程，通过模拟分析工具可以了解当前参数变化，对相关指标的影响。

WPS 表格提供了单变量求解和规划求解两种模拟分析工具。

8.6.1 单变量求解

如果已知公式的结果，但却不知道获得这个结果所需的输入值，就可以使用单变量求解
功能。

下面的案例介绍了单变量求解的使用方法。

案例 8.7 小李在某城市创业，想向银行贷款，贷款年利率是 5.25%，预计贷款年限 5
年，每年偿还款 10 万元，计算小李能从银行贷款多少钱。

案例实现方法如下。

① 如图 8-24 所示，设计计算公式的框架。

	A	B
1	年利润	5.25%
2	年偿还金额（万元）	
3	贷款年限	5
4	可贷款总金额（万元）	

图 8-24 设计计算公式框架

② B2 单元格必须使用函数 PMT，如图 8-25 所示。

③ PMT 函数使用公式"＝PMT(年利率,还款期限,贷款总额)"。

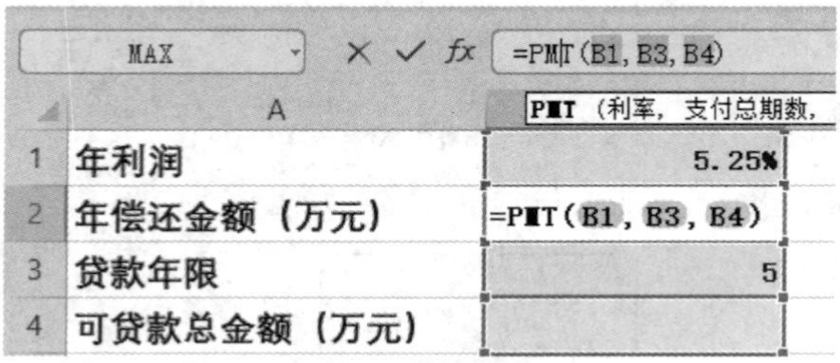

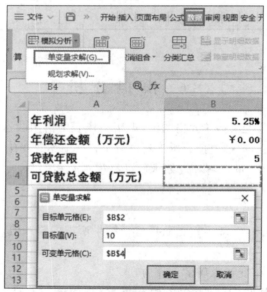

图 8-25　设计目标单元格

④ 在"数据"选项卡中单击"模拟分析"下拉菜单中选中"单变量求解"选项，弹出"单变量求解"对话框，如图 8-26 所示。在对话框中进行如下设置。

- 在"目标单元格"文本框中选中包含公式的单元格"＄B＄2"。
- 在"目标值"文本框中输入要达到的目标值为"10"万元。
- 在"可变单元格"文本框中输入单元格"＄B＄4"。

图 8-26　单变量求解对话框

⑤ 单击"确定"按钮，计算出可以从银行贷款的金额，如图 8-27 所示。

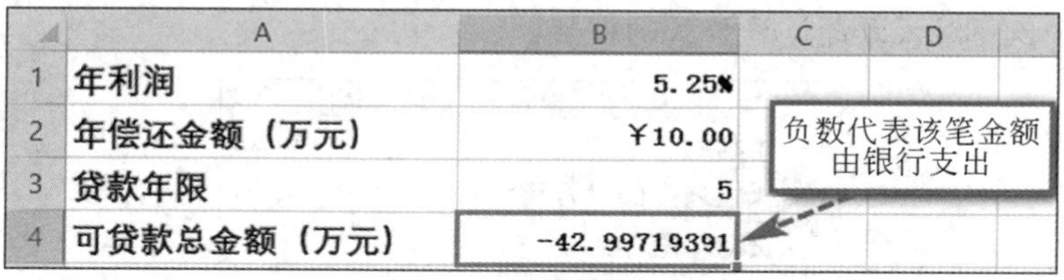

图 8-27　计算出贷款结果

8.6.2 规划求解

单变量求解只能针对一个单元格变量的变化求得一个目标值，规划求解可以针对多个单元格变量进行求解，并可对多个可变的单元格设置约束条件求出最大值、最小值和某个确定值。

下面案例介绍了规划求解的使用方法。

案例 8.8 如图 8-28 所示为小家电定价分析表，若希望 3 种小家电总利润达到 5 万元，计算应设定小家电的单价。

	A	B	C	D	E
1	小家电定价分析表				
2	商品名称	单价	成本(元)	数量(个)	利润(元)
3	电热水壶		¥50	300	
4	吹风机		¥23	400	
5	榨汁机		¥45	500	

图 8-28 小家电定价分析表

案例实现方法如下。

① 选中单元格区域 E3:E5，在“开始”选项卡中单击“合并居中”按钮。

② 在合并后的单元格 E3 中输入计算利润公式“=(B3−C3)*D3+(B4−C4)*D4+(B5−C5)*D5”。

③ 按 Enter 键，由于单价为空，所以计算结果为负值，如图 8-29 所示。

E3 fx =(B3-C3)*D3+(B4-C4)*D4+(B5-C5)*D5

	A	B	C	D	E
1	小家电定价分析表				
2	商品名称	单价	成本(元)	数量(个)	利润(元)
3	电热水壶		¥50	300	−46700
4	吹风机		¥23	400	
5	榨汁机		¥45	500	

图 8-29 设计利润计算公式

④ 在“数据”选项卡中单击“模拟分析”按钮，从下拉菜单中选中“规划求解”选项，弹出如图 8-30 所示的对话框。

⑤ 在“规划求解参数”对话框中进行如下设置。

⑥ 在“设置目标”文本框中选中单元格“$E$3”。

⑦ 选中“到”后的“目标值”单选按钮并输入“50000”。

⑧ 为“遵守约束”添加约束条件，如图 8-31 所示。

- 单击“规划求解参数”对话框中的“添加”按钮。
- 弹出“添加约束”对话框，输入约束条件“单价必须大于或等于成本”，单击“添加”按钮，将其添加到“规划求解参数”对话框的“遵守约束”栏。

图 8-30　设计目标值和位置

- 继续添加所有行的约束条件。

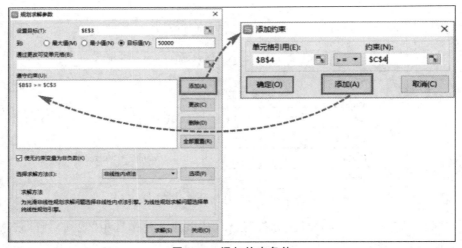

图 8-31　添加约束条件

- 完成添加约束条件,返回"规划求解参数"对话框,如图 8-32 所示。

⑨ 在"通过更改可变单元格"文本框后选择计算"单价"区域"＄B＄3:＄B＄5",如图 8-32 所示。

⑩ 单击"求解"按钮,计算各个小家电的合理单价,如图 8-32 所示。

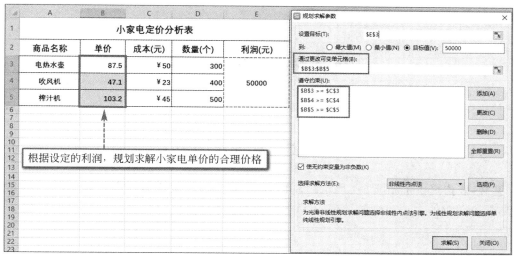

图 8-32　规划求解结果

第 9 章 图 表

使用图表可以清晰体现数据之间的关系和变化趋势,使枯燥的数据形象生动,便于理解。

9.1 创建和编辑图表

WPS表格提供了如图9-1所示的9种图表类型,可以根据需要进行创建,更改图表的类型,调整图表的大小和位置,为图表添加元素。

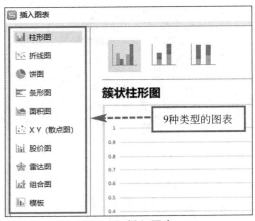

图 9-1 插入图表

1. 创建图表

下面案例介绍了图表的建立方法。

案例 9.1 2013年至2020年3月,我国互联网普及率和网民人数统计数据如图9-2所示。将网民数的增长用"簇状柱形图"表示出来,并放置在该工作表的A6:E16区域。

	A	B	C	D	E	F	G	H	I
1		2013.12	2014.12	2015.12	2016.12	2017.12	2018.12	2019.6	2020.3
2	网民数(万人)	61758	64875	68826	73125	77198	82854	85449	90359
3	互联网普及率	45.80%	47.90%	50.30%	53.20%	55.80%	59.60%	61.20%	64.50%

图 9-2 网民数和互联网普及率数据

案例实现方法如下。

① 选中数据区域 A1:I2。

② 在"插入"选项卡中单击"全部图表"按钮或单击对应的图表类型,如图9-3所示。

③ 在弹出的"插入图表"对话框左侧选中"柱形图",在右侧选中"簇状柱形图",并预览图形效果。

④ 单击"插入"按钮,完成图表建立。

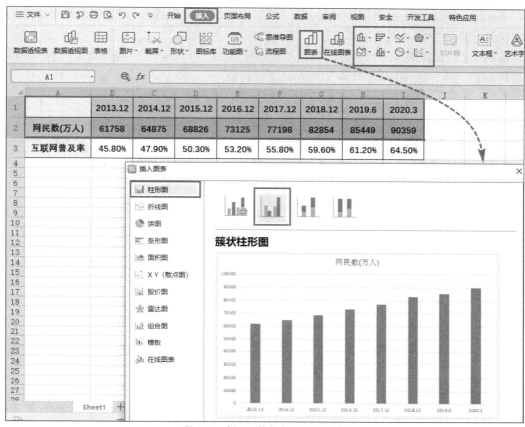

图9-3 插入"簇状柱形图"图表

⑤ 选中插入的簇状柱形图,将其拖到工作表 A6:E16 区域,通过图表边框上的 6 个控制点,调整图表大小,结果如图 9-4 所示。

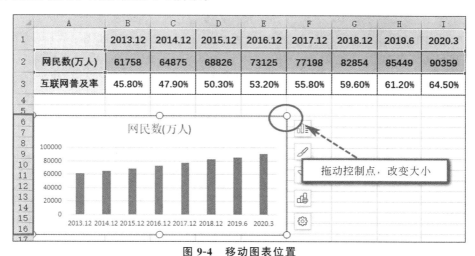

图9-4 移动图表位置

2. 添加组合图表

在处理不同类别的数据时常常用到组合图表,以显示不同系列数据的趋势。

下面的案例介绍了编辑图表时,如何在图表中的改变数据区域、图表线条颜色、图表标记现状和在图表中添加对应元素。

案例 9.2 在如图 9-4 所示的簇状柱形图表中增加互联网普及率数据后完成如下任务,结果如图 9-5 所示(对图表大小没有限制)。

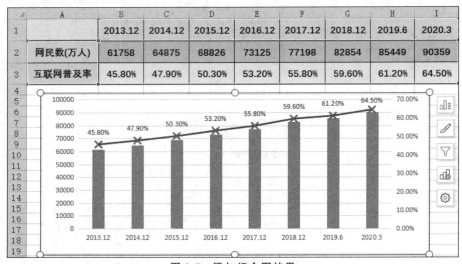

	A	B	C	D	E	F	G	H	I
1		2013.12	2014.12	2015.12	2016.12	2017.12	2018.12	2019.6	2020.3
2	网民数(万人)	61758	64875	68826	73125	77198	82854	85449	90359
3	互联网普及率	45.80%	47.90%	50.30%	53.20%	55.80%	59.60%	61.20%	64.50%

图 9-5 添加组合图结果

任务 1:设置"互联网普及率"的图表类型为"带数据标记折线图"。

任务 2:设置折线颜色为红色,标记颜色为绿色,标记图形与图 9-5 一致。

任务 3:给"互联网普及率"折线图上方添加数据标签。

案例实现方法如下。

任务 1 实现方法。

① 选定图表区域。

② 选择"图表工具"选项卡中单击"选择数据"按钮。

③ 在弹出的"编辑数据源"对话框中,设置数据区域为 A1:I3,如图 9-6 所示,单击"确定"按钮返回工作窗口。

④ 选定图表区域,在"图表工具"选项卡中单击"更改类型"按钮,弹出"更改图表类型"对话框,如图 9-7 所示。

在"更改图表类型"对话框中进行如下设置。

• 在对话框左侧选中"组合图"。

• 在对话框右侧选中"互联网普及率",设置图表类型为"带数据标记的折线图"。

⑤ 单击"插入"按钮,结果如图 9-8 所示。

任务 2 实现方法。

① 选中折线图并右击,在弹出的快捷菜单中选中"设置数据系列格式"选项,在窗口右侧弹出"属性"窗格,如图 9-9 所示。

② 在"属性"窗格中选中"系列选项"选项卡中单击"填充与线条"按钮并进行如下设置。

• "线条":设置为"实线",颜色为"红色",如图 9-9 所示。

• "标记":设置为"内置"类型,"×"的大小要适中,线条为"实线",颜色为"绿色",宽

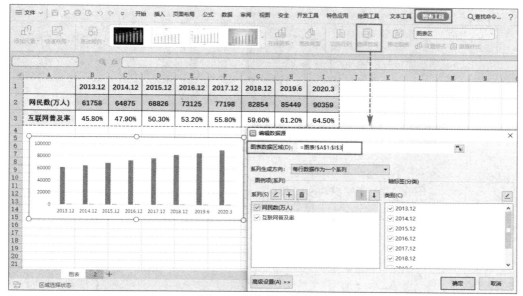

	2013.12	2014.12	2015.12	2016.12	2017.12	2018.12	2019.6	2020.3
网民数(万人)	61758	64875	68826	73125	77198	82854	85449	90359
互联网普及率	45.80%	47.90%	50.30%	53.20%	55.80%	59.60%	61.20%	64.50%

图 9-6 添加图表数据源

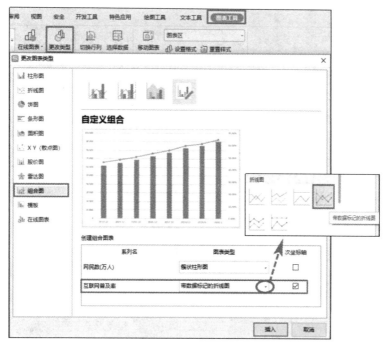

图 9-7 添加互联网普及率折线图

度为"2 磅",如图 9-10 所示。

任务 3 实现方法。

① 选中折线图。

② 在"图表工具"选项卡中单击"添加元素"按钮,从下拉菜单中选中"数据标签"|"上方"选项,如图 9-11 所示。设置完成后的效果如图 9-5 所示。

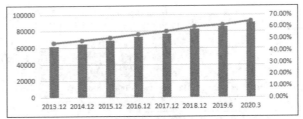

图 9-8　添加折线图结果

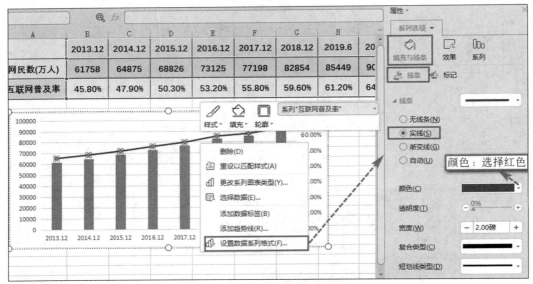

图 9-9　设置折线图线型和颜色

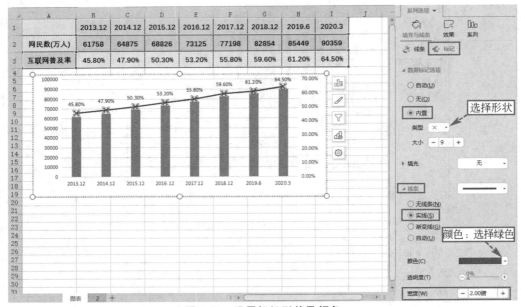

图 9-10　设置标记形状及颜色

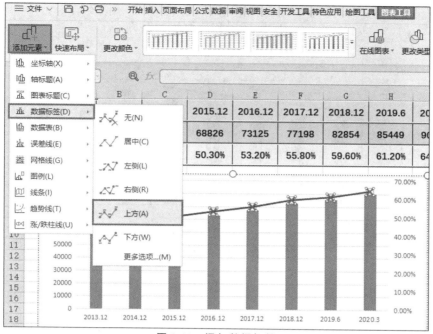

图 9-11　添加数据标签

9.2　图表格式设置

图表格式设置包括坐标轴格式、图表背景格式和图表添加标题的设置,通过图表格式设置,可使制作的图表更加完美。

1. 设置坐标轴格式

坐标轴是表示图表数据的坐标线,可以对图表的水平轴和垂直轴的格式进行相关的设置。

下面的案例介绍了图表坐标轴的设置方法。

案例 9.3　按照图 9-12 所示,完成图表左右垂直坐标轴和水平坐标轴刻度大小、刻度方向和线条颜色设置。

案例实现方法如下。

① 选定图表左侧的垂直坐标轴数据并右击,在弹出的快捷菜单中选中"设置坐标轴格式"选项,如图 9-13(a)所示。在窗口右侧出现"属性"窗格,如图 9-13(b)所示。

② 在"属性"窗格的"坐标轴选项"选项卡中单击"坐标轴"按钮,按照"设置样式"设置"边界"范围和"刻度线标记"的方向,如图 9-13(b)所示。

③ 在"属性"窗格的"坐标轴选项"选项卡中单击"填充和线条"按钮,设置坐标轴线条为"实线",颜色为"黑色",宽度为"1.25 磅",如图 9-14 所示。

④ 选定图表右侧的垂直坐标轴数据并右击,在弹出的快捷菜单中选中"设置坐标轴格式"选项,在窗口右侧弹出"属性"窗格,如图 9-15 所示。

⑤ 按照"设置样式",在"属性"窗格的"坐标轴选项"选项卡中分别单击"坐标轴"和"填

图 9-12 图表样式

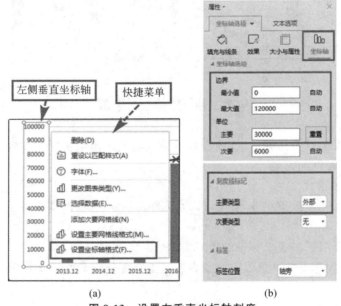

(a)   (b)

图 9-13 设置左垂直坐标轴刻度

充和线条"按钮,然后设置"边界"范围、"刻度线标记"和"标签";线条颜色的设置方法同左垂直坐标轴线条设置。

⑥ 设置水平坐标轴线条颜色为黑色,方法同垂直坐标轴设置。

2. 添加图表元素

(1)添加图表标题。下面的案例介绍了图表标题的添加。

案例 9.4 按照图 9-12,添加图表上方标题"网民规模和互联网普及率"和左侧轴标题"万人"。

案例实现方法如下。

① 选中图表区域。

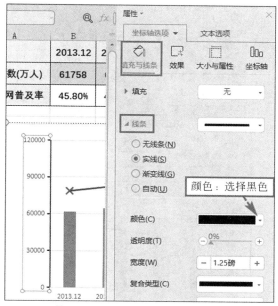

图 9-14　设置左垂直坐标轴颜色

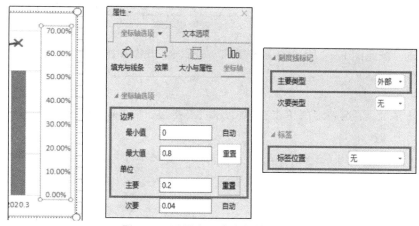

图 9-15　设置右垂直坐标轴的刻度

② 在"图表工具"选项卡中单击"添加元素"按钮,从下拉菜单中选中"图表标题"|"图表上方",如图 9-16 所示。

③ 输入图表标题内容"网民规模和互联网普及率",按照图表样式设置字体、字号。(字体和字号接近样式即可)

④ 在"图表工具"选项卡中单击"添加元素"按钮,从下拉菜单中选中"轴标题"|"主要纵向坐标轴"选项,如图 9-17 所示。

⑤ 输入纵向坐标轴标题内容"万人",按照图表样式设置字体、字号。(字体和字号接近样式即可)

(2)添加图表图例。图例、图表颜色的说明,它可以放置在图表的上、下、左、右位置。

下面通过案例介绍图表图例的添加。

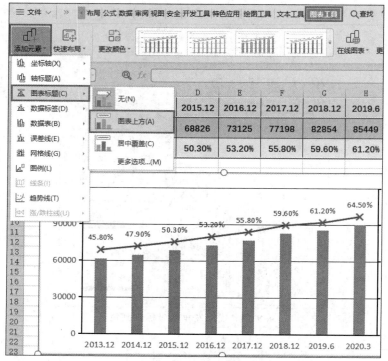

图 9-16　设置图表标题

案例 9.5　按照图 9-12 所示的图表样式,在图表下方添加图例。

案例实现方法如下。

① 选中图表区域。

② 在"图表工具"选项卡中单击"添加元素"按钮,从下拉菜单中选中"图例"|"底部"选项,如图 9-18 所示。

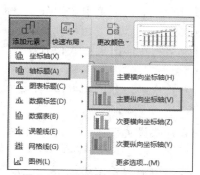

图 9-17　添加纵向坐标轴标题

图 9-18　添加图表图例

3. 图表添加背景

图表的背景可以是纯色或渐变颜色填充背景,还可以为图表设置图片背景。

下面的案例介绍了图表背景的设置。

案例 9.6 在图 9-12 所示图表的背景区添加名为"背景.jpg"的本地图片。

案例实现方法如下。

① 选中图表区域。

② 在"图表工具"选项卡中单击"设置格式"按钮,在窗口右侧弹出"属性"窗格,如图 9-19 左图所示。

③ 在"属性"窗格的"图表选项"选项卡中单击"填充与线条"按钮,如图 9-19(a)所示。

* 在"填充"栏中选中"图片或纹理填充"单选按钮。
* 在"图片填充"下拉列表中选中"本地文件",弹出"选择纹理"对话框。在对话框中按要求选中图片文件"背景.jpg",如图 9-19(b)所示。
* 单击"打开"按钮,完成图表图片背景的添加。

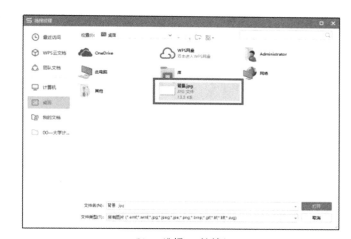

(a) "属性"窗格　　　　　　　　　　　(b) "选择"对话框

图 9-19　为图表添加图片背景

第四篇

演示文稿

WPS 演示是金山公司推出的办公自动化软件 WPS Office 2019 中的重要套装组件之一,专门用于演讲、会议报告、产品演示、商业演示等各种电子演示文稿的设计、制作。与以前的版本相比,WPS 演示在功能上有了非常明显的改进和更新,它新增和改进的图像编辑和艺术过滤器,使图像变得更加鲜艳、引人注目;可以同时与不同地域的人共同合作演示同一个文稿;增加了全新的动态切换,通过改进的功能区,可以快速访问常用命令,创建自定义选项卡,个性化的工作风格体验。此外还改进了图表、绘图、图片、文本等方面的功能,从而使演示文稿的制作和播放更加美观。

　　本篇主要介绍如何利用 WPS 演示制作和播放演示文稿,包括以下内容。

- 基础知识和制作演示文稿的基本方法。
- 演示文稿的建立与保存。
- 演示文稿的外观设计。
- 幻灯片对象的插入与编辑。
- 幻灯片的修饰。
- 幻灯片播放效果。
- 幻灯片放映方式设置。
- 演示文稿的输出。

第 10 章　WPS 演示基础

通过前面章节的学习已经了解到,WPS 文字可以帮助用户输入、编辑和排版电子文档;WPS 表格可以帮助用户进行电子表格制作、数据处理,包括计算、统计和分析数据等。本章介绍功能强大的演示文稿制作工具——WPS 演示。它可以轻松地将用户的想法变成极具专业风范和富有感染力的演示文稿,是人们进行信息交流的重要工具。

WPS 演示不仅能够制作包含文字、图形、声音甚至视频图像的多媒体演示文稿,还可以创建高度交互的多媒体演示文稿,在充分利用 WPS Office 中其他组件的功能后,使整个演示文稿更加专业和简洁。

除了有更多的幻灯片换效果、图片处理特效之外,WPS 演示还增加了更多的视频功能。用户可直接通过在 WPS 演示中设定开始和终止时间来剪辑视频,还可将视频嵌入 WPS 演示文件中。

本章通过 WPS 演示讲解演示文稿制作的概念和基本使用方法。

10.1　WPS 演示的界面组成和基本概念

WPS 演示在启动后,会自动创建一个新的演示文稿,如图 10-1 所示。在开始制作演示文稿之前,需要熟悉 WPS 演示的工作环境,了解 WPS 演示的基本概念。

10.1.1　界面组成

介绍 WPS 演示的基本操作之前,先对其工作界面进行介绍。图 10-1 所示为 WPS 演示的工作界面。

如图 10-1 所示,WPS 演示的工作界面包括由标题栏、快速访问工具栏、菜单栏、"幻灯片/大纲"窗格、编辑区、状态栏、视图工具。其中,快速访问工具栏、标题栏、菜单栏与前面章节介绍的功能相同。

1. 幻灯片编辑区

幻灯片编辑区是进行文稿创作的区域。在一张幻灯片中,用户可以插入文字、图片、图表、视频图像、声音等内容。下方还可以添加幻灯片的备注。

2. "幻灯片/大纲"窗格

此窗格区顶端的选项卡用于从不同角度查看、编排幻灯片内容。在视图栏中包含大纲视图和幻灯片视图两种。当已经打开或正在编辑幻灯片时,通过大纲选项卡,就可以进入大纲显示方式,查看或编辑幻灯片。

图 10-2 所示为幻灯片视图方式下的演示文稿,用户可以在视图中查看整个演示文稿的主要构想。

在此窗格中,各个幻灯片以缩略图形式出现,缩略图左侧的数字是幻灯片排序编号。当选中左侧窗格中某个幻灯片缩略图时,该幻灯片就显示在右侧的编辑窗格中。可以拖动左

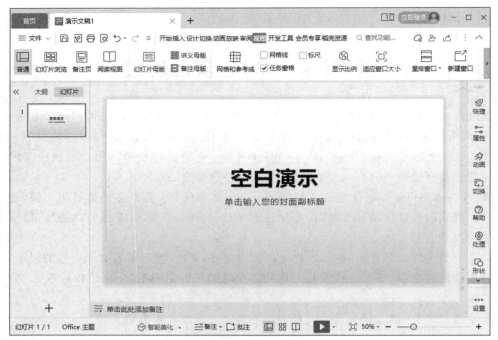

图 10-1　WPS 演示文稿工作界面

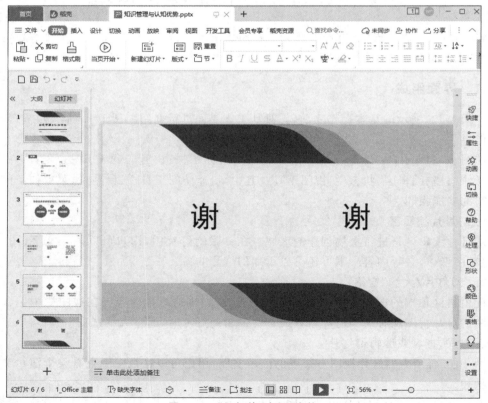

图 10-2　"幻灯片/大纲"窗格

侧窗格中的缩略图来改变其排序。

10.1.2　启动与退出

WPS 演示的启动与退出的方法与 WPS 文字和 WPS 表格的启动与退出的方法类似，具体如下。

1. 从 WPS Office 启动 WPS 演示

启动 WPS Office 程序后，在 WPS Office 窗口中，通过单击"新建""打开"或是"文档"，启动 WPS 演示，首次进入 WPS 时，屏幕会弹出图 10-3 所示的窗口。单击"新建"按钮，可以新建空白演示文稿。也可以通过各种类型模板新建演示文稿。单击"打开"或是"文档"按钮，也可以打开已有的演示文稿。

图 10-3　WPS Office 窗口

2. WPS 演示退出

WPS 演示的退出方法与其他 WPS Office 组件程序的退出方法类似。

关闭某个演示文稿窗口，包含下列 3 种方式。

- 选取要关闭的文档，并右击文档切换标签，从弹出的快捷菜单中选中"关闭窗口"选项。
- 双击文档切换标签，或单击"关闭"按钮关闭本窗口。文档切换标签如图 10-4 所示。
- 选中要保留的文档，右击文档切换标签，从弹出的快捷菜单中选中"关闭其他"选项。

关闭所有窗口，包含下列两种方式。

图 10-4　文档切换标签

- 右击文档切换标签，从弹出的快捷菜单中选中"关闭全部"选项。
- 退出整个应用程序，在主程序窗口右上角单击 ✕ 按钮。

10.1.3　演示文稿基本概念

1. 演示文稿与幻灯片

WPS 演示是专门用于制作和演示文稿的软件，用其制作的文件称为演示文稿。文件的默认扩展名为.pptx。演示文稿制作软件提供了几乎所有用于演示的工具，既包括将文本、图形、图像等各种媒体整合到幻灯片的工具，也包括将幻灯片中的各种对象赋予动态演示的工具。

文字、图形、声音甚至视频图像等多媒体信息，会按信息表达的需要被演示软件组织在若干张"幻灯片"中，进而构成一个演示文稿。这里的"幻灯片"一词只是用来形象地描绘文稿里的组成形式，实际上它是表示一个"视觉形象页"。演示文稿中的幻灯片是其中的每一页，用于在计算机或联机大屏幕上演示。

制作一个演示文稿的过程实际上就是依次制作一张张幻灯片的过程。

与传统的幻灯片相比,WPS演示制作的多媒体演示文稿,除了可以演示文字和图表,还可以包括动画、声音和视频图像,还具有与其他办公软件及 Internet 交互操作的能力。

2. 幻灯片对象

演示文稿是由一张张幻灯片组成的,每张幻灯片又包含了若干对象。对象是幻灯片重要的组成元素。在幻灯片中插入的文字、图表、图形及其他可插入元素都以一个个对象的形式出现在幻灯片中。用户不但可以选择、修改、移动、复制和删除对象,而且可以改变对象的颜色、阴影、边框等属性。制作一张幻灯片的过程实际上就是制作其中每一个被指定的对象的过程。

3. 幻灯片版式

幻灯片版式指的是幻灯片内容在幻灯片上的排列方式。版式由占位符组成。这里的占位符是指先占住一个固定的位置,等着用户往里面添加内容的。它在幻灯片上表现为一个虚框,虚框内部往往有"单击此处添加标题"之类的提示语。在单击后,提示语会自动消失。当创建模板时,占位符就显得非常重要,它能起到规划幻灯片结构的作用。占位符位置上既可放置标题和项目符号列表等文字,又可以放置表格、图表、图片、剪贴画等对象。

10.1.4 视图类型

在对演示文稿中的幻灯片进行创建、编辑与浏览等操作时,WPS演示提供了演示文稿视图和母版视图两大类,其中的演示文稿视图可采用普通视图、幻灯片浏览视图、备注页视图和阅读视图 4 种不同视图方式。若要切换视图,可以在 WPS 演示窗口的视图工具中选择普通视图、幻灯片浏览视图或阅读视图。也可以在系统菜单中的"视图"功能区中选择合适的视图模式。

1. 普通视图

WPS演示是一种"三框式"结构的视图,包括"大纲/幻灯片"窗格、编辑区窗格、"备注"窗格 3 部分。在该视图中,可以同时显示大纲、幻灯片和备注内容,是最常用的工作视图,也是幻灯片默认的显示方式,如图 10-1 所示。

2. 幻灯片浏览视图

幻灯片浏览视图如图 10-5 所示。该视图并排显示出 6 张幻灯片,可使用垂直滚动条来观看其余的幻灯片。在该视图下,可以对幻灯片进行各种编辑操作。

3. 阅读视图

在阅读视图下,一张幻灯片的内容会占满整个屏幕,这是模拟幻灯机放映的效果。阅读视图可将演示文稿作为适应窗口大小的幻灯片放映查看,阅读视图只保留幻灯片窗格、标题栏和状态栏,其他编辑功能会被屏蔽。

通常情况下,幻灯片会从当前开始阅读,单击后即可切换到下一张幻灯片,若放映的是最后一张幻灯片,则退出阅读视图。如果用户要中断幻灯片的放映,可以按 Esc 键,如图 10-6 所示。

4. 备注页视图

备注页视图用于配合演讲者解释幻灯片的内容。使用该视图时,每一页的上半部分会

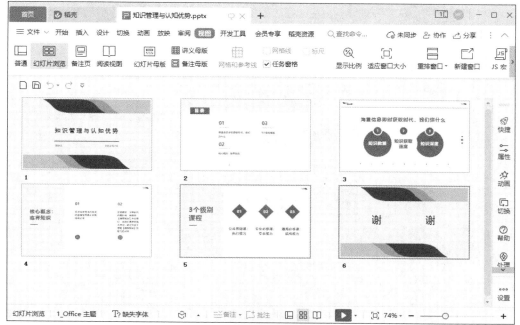

图 10-5　幻灯片浏览视图

图 10-6　阅读视图

显示当前幻灯片的缩图,下半部分的文本框是对该幻灯片较详细的解释。若在普通视图的注释窗格中对幻灯片输入了注释,这些注释将会出现在这个文本框中,如图 10-7 所示。

在备注页视图下,按 PageUp 键可上移一张幻灯片,按 PageDown 键可下移一张幻灯片,拖动页面右侧的垂直滚动条,可定位到所需的幻灯片上。

在对幻灯片操作中,上述 4 种视图功能各异,彼此之间互有联系。

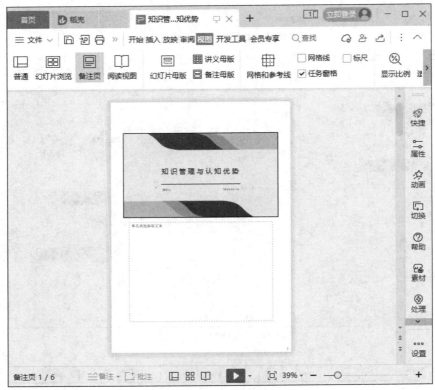

图 10-7　备注页视图

10.2　演示文稿的创建

在"文件"菜单中选中"新建演示"选项,创建一个新的演示文稿工作。也可以选中一个最近使用过的文件或者打开一个已经存在的文件,然后进行编辑工作。

演示文稿包括内容和外观形式两部分。建立新的演示文稿可以从幻灯片的内容着手,首先确定讲演稿的基本框架和内容,然后再为演示文稿设计外观表现形式。创建演示文稿的另外一种思路是,首先确定演示文稿的外观、表现形式,然后再填充演讲内容。

10.2.1　演示文稿制作的一般原则

下面,从教学培训、演讲报告、广告宣传等几方面介绍幻灯片制作的一般原则。

(1) 幻灯片的用途是辅助传达演讲信息,因此只列出要点即可,千万不要照搬演讲稿的文字,同时背景不要过于花哨,清爽最佳。

(2) 每张幻灯片传达 5 个概念时效果最好,7 个正好符合人们正常的接受程度,超过 9 个则会让人感觉负担过重。

(3) 幻灯片中的文字应大小适中,建议大标题用 44 磅的粗体,标题 1 用 32 磅的粗体,标题 2 用 28 磅的粗体,再小就不建议了。

(4) 标题最好只有 5～9 字,最好不要用标点符号,甚至括号也尽量少用。

（5）表格胜于文字，图胜于表格，幻灯片用图和表传达信息时能加强演讲时的效果。

（6）最好有一张演讲要点预告幻灯片，告诉听众演讲的主要内容。在结束演讲时，应有一张总结幻灯片，让听众再次回顾演讲内容，以加深印象。

（7）好的演讲者要能控制时间，所以最好利用 WPS 演示的排练功能预估演讲用时。

10.2.2　建立演示文稿的方法

在"新建"窗口中，给出了两大类创建演示文稿的方式，新建空白演示和通过各类模板进行新建演示，也可以在"稻壳"上搜索相关模板，如图 10-8 所示。

图 10-8　"新建演示"窗口

1. 创建演示文稿

在"首页"选项卡中选中"新建"菜单项，从"新建"窗口中选中"新建演示"选项，可以选中"新建空白演示"或各类模板，也可以在"我的资源"中选择其中内容进行创建，如图 10-8 所示。选中"新建空白演示"，进入工作界面，如图 10-1 所示。

（1）空白演示文稿。创建新的空白演示文稿。

（2）我的资源。根据用户自己创建的模板创建演示文稿或者最近打开的模板创建演示文稿。

（3）根据现有内容创建。根据用户现有的 WPS 演示文档创建新的演示文稿。

2. 用在线模板创建演示文稿

稻壳资源库中提供了在线模板的使用，当然如果要使用该项功能，计算机必须接入互联网，用户使用时需要先下载后才能使用模板创建演示文稿。提供的内容如图 10-9 所示。下载后的模板可在"我的资源"中查看。

图 10-9　稻壳上的模板库

3. 通过大纲创建演示文稿

首先在 WPS 文字中根据内容结构列出大纲，将文档的文字设置为一级标题、二级标题，再通过"文件"菜单中的"输出为 pptx"选项进行转换为 PPT 模式。

10.2.3　幻灯片的创建

在演示文稿中新建幻灯片的方法很多，主要有以下几种。

方法 1：按 Ctrl＋M 组合键，自动添加一张新幻灯片。或者在"大纲/幻灯片"窗格的所需位置按 Enter 键。

方法 2：在"大纲/幻灯片"窗格中右击，在弹出的快捷菜单中选中"新建幻灯片"选项。

方法 3：在"大纲/幻灯片"窗格中，当光标指向某张幻灯片时，单击出现的 按钮，可新建幻灯片。

方法 4：在"开始"选项卡中单击"新建幻灯片"按钮。

用方法 1 和方法 2，会立即在当前幻灯片的后面出现一张新的幻灯片，该幻灯片直接套用前面那张幻灯片的版式；用方法 3，会弹出"新建幻灯片"对话框，如图 10-10 所示。用方法 4，"新建幻灯片"按钮由两部分组成，该按钮的上半部分单击的效果与前两种方法相同，而按钮的下半部分单击时会出现下拉菜单，同第 3 种方法中弹出的菜单。下拉菜单中提供了各种版式和模板，可以非常直观地选择所需版式。

图 10-10 "新建幻灯片"窗口

10.2.4 幻灯片的编辑

1. 编辑和修改幻灯片

选中需要编辑和修改的幻灯片中的文本、图表、剪贴画等对象,具体的编辑方法和 WPS 文字类似。

2. 复制和删除幻灯片

添加新幻灯片既可以在幻灯片浏览视图中进行,也可以在普通视图的"大纲"窗格中进行。

(1)复制幻灯片。右击"大纲/幻灯片"窗格中的幻灯片,在弹出的快捷菜单中选中"复制幻灯片"选项,也可以选中欲复制的幻灯片,然后按 Ctrl+C 组合键。将光标定位于所需位置后,按 Ctrl+V 组合键进行粘贴操作。

(2)删除幻灯片。

① 使用 Ctrl+Delete 组合键即可快速删除当前幻灯片。

② 右击"大纲/幻灯片"窗格中的幻灯片,在弹出的快捷菜单中选中"删除幻灯片"选项,也可以选中欲删除的幻灯片,然后按 Delete 键。

③ 在幻灯片浏览视图中选中要删除的幻灯片,按 Delete 键。

若要删除多张幻灯片,可切换到幻灯片浏览视图,然后按住 Ctrl 键并依次单击要删除的多张幻灯片,再进行删除操作。

3. 调整幻灯片位置

可以在除"幻灯片放映"视图以外的任何视图进行幻灯片位置的调整,操作步骤如下。

(1)选中要移动的幻灯片。

（2）按住鼠标左键并拖曳鼠标。

（3）将鼠标拖到合适的位置后松手，在拖动的过程中，会有一条横线指示幻灯片的位置。

📖 提示：可以用"剪切"和"粘贴"操作来移动幻灯片。

10.2.5 文字的编辑

WPS 演示中的文本主要有标题、正文项目及文本框 3 种格式。每张幻灯片中的占位符，可以用来输入幻灯片的标题和副标题；幻灯片所要表达的正文信息一般位于幻灯片中部，通常每一条信息的前面有一个项目符号；在幻灯片上另外添加的文本信息，通常用户用文本框的形式添加，如图 10-11 所示。

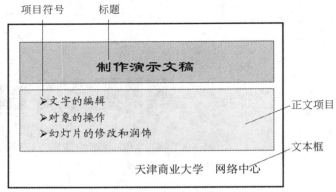

图 10-11　向占位符中输入文本

📖 提示：文本框和占位符的区别是，占位符受母版控制，而文本框不受限制。

1. 向占位符中输入文本字信息

在新建幻灯片时，WPS 演示会弹出一个对话框，一旦选择了幻灯片的某种版式，该幻灯片中会自动给出相应对象的虚框，通常称为占位符。当在文本对象占位符所在位置单击后，可输入所需录入的文本信息；在占位符虚框外单击，可停止对该对象的编辑。

如果选择的幻灯片版式是"标题和内容"，当光标进入内容站位复位之后，会自动为输入文本添加项目符号，所谓项目符号就是输入文本前该行首部的符号，在输入一条文本信息并按 Enter 键后，下一个项目符号将自动生成，用户也可以删掉或更换其他符号。

2. 修改或取消项目符号

可以参照以下方法重新指定项目符号。

（1）重新指定项目符号的对象。如果要重新指定某一行文字的项目符号，可直接单击该行；如果要为整个文本框对象中的每行信息指定项目符号，要选中整个文本框。

（2）使用"文本工具"选项卡或快捷菜单。在"文本工具"选项卡中单击"项目符号"按钮，然后在下拉菜单中选中合适的项目符号；也可以单击下拉菜单的"其他项目符号"子菜单，在弹出的"项目符号和编号"对话框中进行自定义选择，如图 10-12 所示；还可以右击选中的对象，在弹出的快捷菜单项中选中"项目符号和编号"子菜单中的选项，如图 10-13 所示，同样会弹出如图 10-12 所示窗口。

📖 提示：添加项目编号的方法与项目符号基本相似，项目编号按钮位于项目符号的右侧，并在弹出对话框和右键快捷菜单中也分别有项目编号的内容。

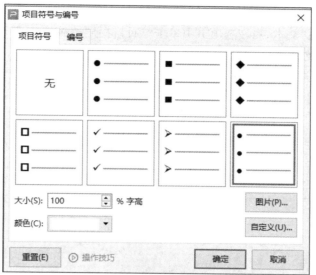

图 10-12　"项目符号与编号"对话框

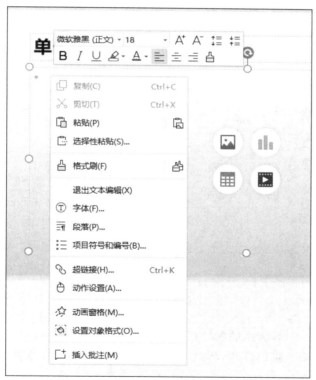

图 10-13　右键项目符号

（3）取消项目符号。

① 在"开始"选项卡中单击"项目符号"按钮 ≡ ▾，在下拉菜单中选中"无"选项。

② 在图10-12所示的"项目符号和编号"对话框中，选中"无"选项，单击"确定"按钮。

③ 选中对象，在"文本工具"选项卡中单击"项目符号"按钮 ≡ ▾，即可取消。

3. 文字的其他格式调整

WPS演示中有关文字的字体、字号、颜色、加粗、倾斜、阴影以及对齐方式等有关文字格式的调整方法与WPS文字中的方法相似。首先选中准备调整的文字，然后在"文本工具"选项卡中单击相应功能按钮即可进行设置。

案例10.1 创建一篇演示文稿。要求完成如下任务。

任务1：新建一篇WPS演示文稿，文件名称为"立夏.pptx"。

任务2：为演示文稿添加6张幻灯片，并设置为适当的版式。内容如图10-14所示。

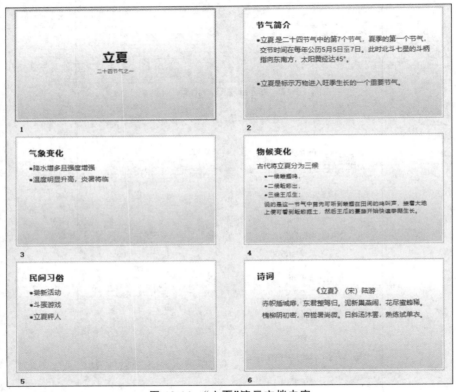

图10-14 "立夏"演示文档内容

案例实现方法如下。

任务1实现：在WPS演示的"文件"菜单中选中"新建"选项，双击"空白演示文稿"按钮，为演示文稿创建第一张幻灯片，将版式设置为"标题幻灯片"，如图10-15所示。在标题文本框内输入如图10-14所示第一张幻灯片文本。

任务2实现：在"开始"选项卡中单击"新建幻灯片"按钮，将版式设置为"标题和内容"版式，输入相应文字内容。后续依次新建4张幻灯片，按照图10-14所示内容输入文本内容。

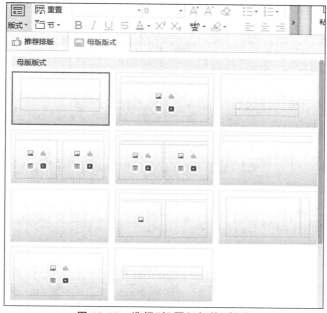

图 10-15　选择"标题幻灯片"版式

10.3　对象的操作

　　WPS 演示的操作对象是演示文稿,演示文稿是有限数量的幻灯片的有序集合。每张幻灯片由若干文本、表格对象、图片对象、组织结构对象及多媒体对象等多种对象组合而成。创建一个美观、生动、简洁而准确表达演讲者意图的演示文稿是最终目的。

　　WPS 演示中的绝大部分对象都有相应的版式。制作幻灯片时,只需要选择相应的版式,再按提示操作即可。在"开始"选项卡中单击"版式"按钮,在下拉菜单中选中"母版版式"|"标题和内容"版式,该版式内容占位符内显示了幻灯片能够插入的对象,如图 10-16 所示。

图 10-16　标题和内容版式

幻灯片中的对象包括文本、图形和多媒体对象等。图形对象包括图表、图片和剪贴画，多媒体对象包括声音、视频剪辑、Internet网页的超文本链接等。

下列操作与WPS文字中相似，并且对幻灯片中的对象是通用的。

（1）选中或撤销选中一个对象，以便对它进行操作。

（2）改变对象的大小和移动对象。

（3）删除选中的对象。

10.3.1　插入表格

在WPS演示中也可处理类似于WPS文字和WPS表格中的表格对象。

创建表格有两种方法。

方法1：从含有表格对象的幻灯片版式中单击表格图标，在弹出的"输入表格"对话框中输入表格的行数和列数，如图10-17所示。

图10-17　"插入表格"对话框

方法2：在"插入"选项卡中单击"表格"按钮，从下拉菜单中选择插入表格行列以及其他的一些选项，具体方法与WPS文字中插入表格一样。

10.3.2　插入图表

在WPS演示中插入图表与插入表格的操作相同。

方法1：从含有图表对象的幻灯片版式中单击图表图标，在弹出的"图表"对话框中选择所需图表的类型和样式，如图10-18所示。

方法2：在"插入"选项卡中单击"图表"按钮，从下拉菜单中选中"图表"选项，在弹出的"图表"对话框中进行操作。

选择合适的图表类型，例如选择"簇状柱形图"，即可插入一个图表。插入图表后，可以利用"图表工具"选项卡中的各种功能，进行图表的编辑和美化，也可在右侧的任务窗格中的"属性"工具栏中选择所需修饰图表的功能，如图10-19所示。

📖 提示：插入图表后，在"图表工具"中单击"选择数据"或"编辑数据"按钮，可在打开的WPS表格窗口中进行数据的修改。输入横轴和纵轴的类别以及相应的数值后，关闭WPS表格即可，如图10-20所示。

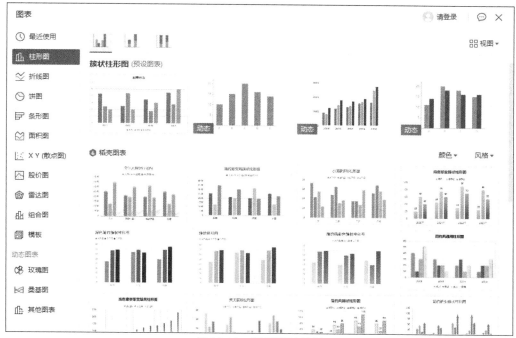

图 10-18　"图表"对话框

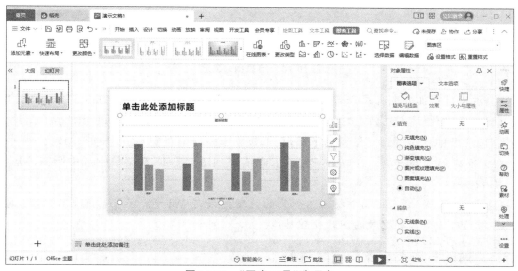

图 10-19　"图表工具"选项卡

10.3.3　插入流程图及智能图形

插入流程图及智能图形的操作方法同 WPS 文字中的插入操作,在此不再赘述。

10.3.4　插入图片和形状

在演示文稿中添加图片和形状可以增加演讲的效果,极大地丰富幻灯片的演示效果。

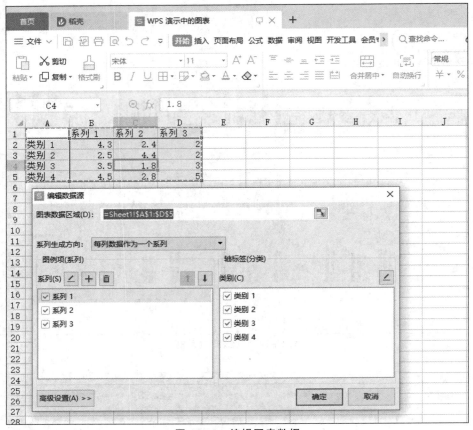

图 10-20　编辑图表数据

WPS 演示中可添加的图片可来自本地图片、手机图片、资源夹内图片及在线的稻壳图片库。

（1）插入的图片方法。在"插入"选项卡中单击"图片"按钮的上部，可添加本地图片，在"插入"选项卡中单击"图片"按钮的下部，在下拉菜单中选中对应的图片，如图 10-21 所示。

（2）插入形状的方法。在"插入"选项卡中单击"形状"按钮，在菜单中选中所需的形状，如图 10-22 所示。

📖 提示：WPS 演示文稿中插入的图片的处理方法与 WPS 文字非常相似，在此不再赘述。另外，WPS 会员有更多的图片处理功能。

10.3.5　插入页眉页脚及幻灯片编号

演示文稿创建完后，可以为全部幻灯片添加页眉页脚和幻灯片编号，操作方法如下。

在"插入"选项卡中单击"页眉页脚"或"幻灯片编号"按钮，弹出"页眉和页脚"对话框，如图 10-23 所示，在"备注和讲义"选项卡中，为备注和讲义添加页眉页脚及编号信息。

10.3.6　插入屏幕截图

从 WPS Office 2019 开始，用 WPS 文字、WPS 表格或 WPS 演示插入屏幕截图时，都不再需要安装专门的截图软件或使用 PrintScreen 键，因内置了屏幕截图功能，所以可将截图

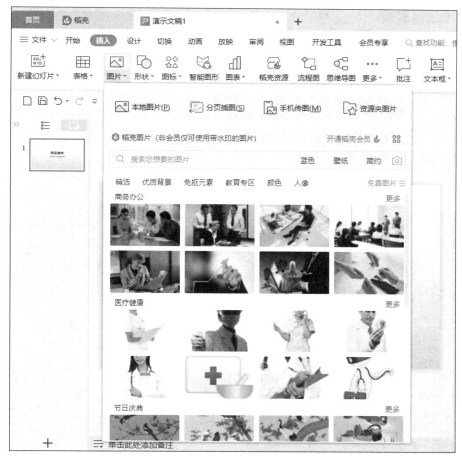

图 10-21 自选图形

即时插入文档，方法是在"插入"选项卡中单击"更多"按钮，在下拉菜单中选中"截屏"选项，在子菜单中选中"屏幕截图"选项，即可将该区域截图并自动插入文档中，如图 10-24 所示。

如果不想截取当前屏幕上的区域，则需要在"截屏"的子菜单中选中"截屏时隐藏当前窗口"选项，则在截图时 WPS 演示的窗口会自动最小化，然后手动截取想要的部分，截取完成后，被截取的图片会自动添加到 WPS 演示中。

📖 **提示**：如果要将截取的图片独立保存，可以右击该图，从弹出的快捷菜单中选中"另存为图片"选项，可保存的图片类型有 PNG、JPG、TIF 和 BMP 4 种。

10.3.7　插入文本框和超链接

在 WPS 演示中插入文本框的方法与在 WPS 文字中插入对象的方法完全相同，在此不再赘述。

通过超链接可以使演示文稿具有可交互性，大大提高了表现能力，被广泛应用于教学、报告会、产品演示等场景。

超链接在 WPS 演示中用得频繁，所以这里重点介绍超链接的相关操作。

默认情况下，用 WPS 演示制作的演示文稿是按幻灯片的先后顺序放映的，不过可以通

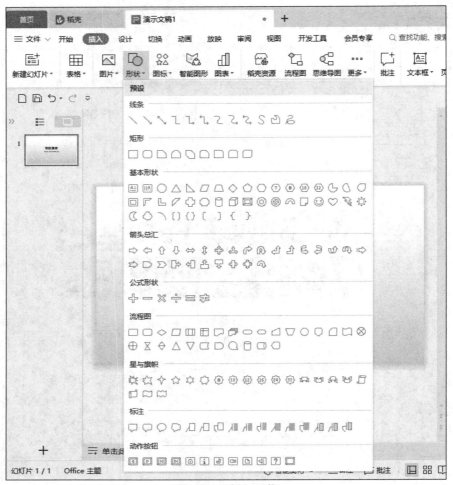

图 10-22　插入形状

图 10-23　"页眉和页脚"对话框

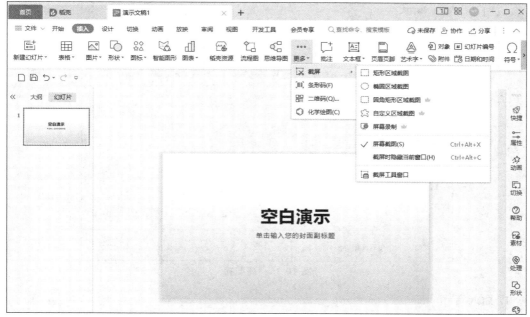

图 10-24　屏幕截图

过超链接方式,跳转到预先设定的当前演示文稿中的幻灯片,以及其他演示文稿、WPS 文字、Web 页等的内容。

创建超链接时,起点可以是幻灯片中的任何对象,例如文本或图形。激活超链接的动作可以是"单击鼠标"或"鼠标移过"。可以把两个不同的动作指定给同一个对象,例如,单击对象激活一个链接时,使用鼠标移动激活另一个链接。

如果文本在图形之中,可分别为文本和图形设置超链接,代表超链接的文本会添加下画线,并显示配色方案指定的颜色,从超链接跳转到其他位置后,颜色就会改变,这样就可以通过颜色分辨访问过的链接。

通过对象建立超链接的方法如下:选中要建立链接的对象,然后在"插入"选项卡中单击"超链接"按钮,弹出如图 10-25 所示的"插入超链接"对话框中进行设置。

(1) 要显示的文字:超链接显示的文字可以在此处更改。

(2) 原有文件或网页:建立超链接到计算机现有的文件上。

(3) 本文档中的位置:建立超链接到当前幻灯片的某一页上,这种链接是幻灯片在播放时各页面之间相互切换。

(4) 电子邮件地址:建立超链接到某一电子邮件地址上。

(5) 链接附件:将文件上传到云端作为链接附件文件。

10.3.8　插入音频和视频文件

WPS 演示可以在幻灯片放映时播放音频和视频文件,使之在放映时具有一种全新的视觉和听觉效果。在 WPS 演示文稿中嵌入或链接音频和视频文件时,不必担心在复制演示文稿到其他位置时产生丢失音频、视频文件问题,这是因为它已被存放到文稿中,缺点是文稿的存储容量会变大。

图 10-25　超链接

1. 插入音频

在幻灯片中插入背景音乐的方法如下。

（1）选择要插入音频的幻灯片。在"插入"选项卡中单击"音频"按钮，下拉菜单有"嵌入音频""链接到音频""嵌入背景音乐""链接背景音乐""稻壳音频"5 个选项，如图 10-26 所示。

图 10-26　插入音频

①"嵌入"是将音频存到演示文稿中,使之在分享和传输文稿后也能正常播放。

②"链接"是以关联本地路径或云端链接的方式插入音频。如果不将链接的本地音频文件与幻灯片放在同一个文件夹中,在分享或传输演示文稿时可能发生找不到音频文件进行播放的情况。

(2)插入音频文件后,幻灯片页面会出现一个音频图标 。插入的音频可能需要进行播放设定。单击该图标,在出现的"音频工具"选项卡内进行如下设置,如图 10-27 所示。

图 10-27 音频播放的设定

①"播放"按钮:用于在编辑状态下播放声音。

②"音量"按钮:用于调节播放插入音频时音量的大小。

③"裁剪音频"按钮:用于对音频进行裁剪。

④"淡入""淡出"设置框:用于设定音频淡入与淡出效果的时间。

⑤"开始"按钮:用于设定音频播放的方式,可选择包括"自动"和"单击时"播放模式。

• "自动"列表框:在幻灯片播放到音频插入的页面时,音频自动播放。

• "单击时":在播放模式下,单击音频图标时才开始播放。

⑥"当前页播放"单选按钮:用于在幻灯片播放时,从当前页切换到下一页时插入的音频停止播放。

⑦"跨幻灯片播放"单选按钮:用于在幻灯片切换时连续播放音频。直至指定页停止。

⑧"循环播放"复选框:用于循环播放。用于解决当幻灯片的播放时间超过音频的时间长度时的问题。

⑨"放映时隐藏"复选框:用于设定在幻灯片播放时音频图标是否隐藏。

⑩"播完返回开头"复选框:在播放完毕后返回至音频开头。

📖 **提示**:用 WPS 演示文稿进行音频剪辑,实际只是遮盖了不想要听到的部分,并未对声音文件进行裁剪操作。

在弹出的"裁剪音频"对话框中拖动滑块,保留所需播放的音频部分。例如,在图 10-28 所示对话框中选择了歌曲的起始时间在 3.65 处,结束时间在 20.22 处。

2. 插入视频

将视频文件添加到演示文稿,可增加播放效果。

插入视频的方法如下。

(1)选中要插入音频的幻灯片。在"插入"选项卡中单击"视频"按钮,其下拉菜单有"嵌入视频""链接到视频""Flash""开场动画视频"4 个选项。

图 10-28 "剪辑音频"对话框

(2)插入视频文件后,选中插入的视频,在"视频工具"选项卡中对插入的视频进行设置,主要包括"播放""音量""裁剪视频"按钮以及一些复选框。"视频工具"选项卡的作用和用法与音频的播放设置基本相似,在此不再赘述。

案例 10.2 打开案例 10.1 中创建的演示文稿"立夏.pptx"并完成如下任务。

任务 1:向第 2 张幻灯片中插入图片,并更改版式为"两栏内容"版式。效果如图 10-29 所示。

图 10-29　案例 10.2 中第 2 张幻灯片

任务 2:将第 4 张幻灯片内容做成智能图形并填入相应内容。效果如图 10-30 所示。

图 10-30　案例 10.2 中第 4 张幻灯片

任务 3:为幻灯片添加幻灯片编号。

任务 4:在第 5 张幻灯片后插入 3 张幻灯片,内容分别如图 10-31 所示。

任务 5:为第 5 张幻灯片添加 3 个链接,分别链接到第 6、7、8 张幻灯片。

任务 6:为幻灯片插入背景音乐,并使其在幻灯片演示时重复播放。

案例实现方法如下。

任务 1 实现:选中第 2 张幻灯片,在"开始"选项卡中单击"版式"按钮,在下拉菜单中选中"两栏内容"选项。原文本将自动填入左栏占位符,在右栏占位符中单击"图片"图标,添加图片"立夏.png"。

任务 2 实现:将光标定位在第 4 张幻灯片,在"插入"选项卡中单击"智能图形"选项,在弹出的对话框中选中对应的图形,并在相应的图形内输入文字。

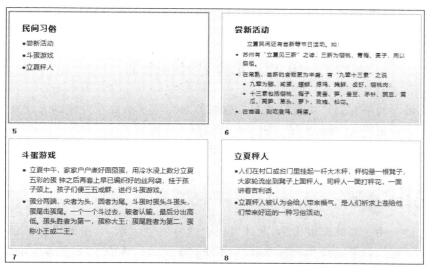

图 10-31 案例 10.2 中第 5 张后插入的 3 张幻灯片

任务 3 实现：在"插入"选项卡中单击"页眉页脚"或"幻灯片编号"按钮，在弹出的"页眉和页脚"对话框中，选中"幻灯片编号"和"标题幻灯片不显示"选项，单击"全部应用"按钮。

任务 4 实现：在第 5 张幻灯片后连续添加 3 张"标题和内容"版式的幻灯片，填入相应文本内容。

任务 5 实现：在第 5 张幻灯片中，选中"尝新活动"文本，在"插入"选项卡中单击"超链接"按钮，在弹出的"插入超链接"对话框中选中"本文档中的位置"选项，选中"幻灯片标题"|"6.尝新活动"，单击"确定"按钮，即可添加一个链接，如图 10-32 所示。后两个超链接的添加方法与之相同。

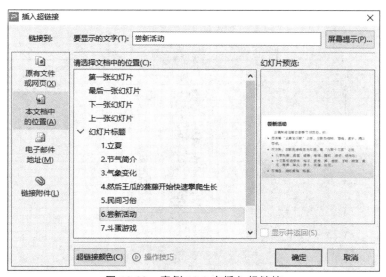

图 10-32 案例 10.2 中插入超链接

任务 6 实现：选中第 1 张幻灯片，在"插入"选项卡中单击"音频"按钮，在下拉菜单中选中"嵌入背景音乐"选项。在弹出的"从当前页插入背景"对话框中选择本地音频文件。添加音频文件后,会出现"音频工具"选项卡,其中"设为背景音乐"按钮、"循环播放"和"放映时隐藏"复选框会自动选中。

10.4　演示文稿的修饰

演示文稿中的所有幻灯片最好具有一致的外观。控制幻灯片外观的方法有母版、模板和背景样式 3 种。WPS 演示提供了很多模板和默认的配色方案,并规定了多种幻灯片的版式。用户可以在创建演示文稿时选择模板和版式,也可以在以后的任意时间修改演示文稿的外观。

10.4.1　幻灯片母版

幻灯片母版用于存储模板信息,设计模板中的每一个元素,其中的模板信息包括字形、占位符大小、位置、背景设计和配色方案,如图 10-33 所示。WPS 演示文稿中的每个关键组件都拥有一个母版,例如幻灯片、备注和讲义。母版是一类特殊的幻灯片,用于控制某些文本特征如字体、字号、字形和文本的颜色;控制了背景色和某些特殊效果如阴影和项目符号样式。包含在母版中的图形及文字将会出现在每一张幻灯片及备注中,所以如果在一个演示文稿中使用幻灯片母版的功能,就可以做到整个演示文稿格式统一,可以减少工作量,提高工作效率。

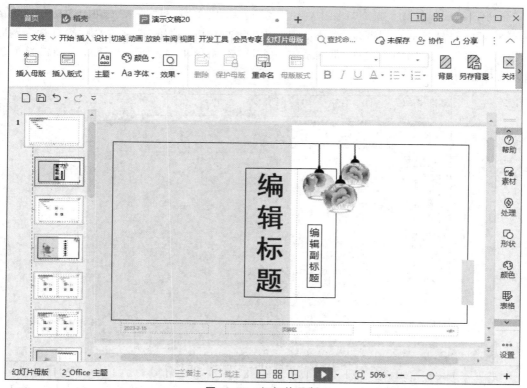

图 10-33　幻灯片母版

母版处于编辑状态时,编辑窗口的右侧窗格中会列出当前幻灯片的所有母版样式。这些样式并没有完全应用于当前幻灯片。将光标对应的母版上稍作停留,会弹出消息,告知当前母版应用于哪页幻灯片,如图 10-34 所示。

图 10-34 幻灯片使用

如果修改了母版文本的颜色、大小或者背景色,演示文稿中所有基于该母版的幻灯片都将做相应的更改。例如,若在幻灯片母版上添加了图形,则该图形会出现在每张幻灯片上;若修改了标题母版的版式,则指定为标题幻灯片的幻灯片也将被修改。

"幻灯片母版"是最常用的母版,它可以控制当前演示文稿中除"标题幻灯片"以外的所有幻灯片,使它们具有相同的外观格式。通过在"幻灯片母版"中预设格式的占位符实现对标题、文本、页脚的字体、字号、颜色、项目符号样式等内容和特征的控制,在"幻灯片母版"上添加的图片等对象将出现在每张幻灯片的相同位置上,设置的幻灯片背景效果将应用到每张幻灯片上。

设置幻灯片母版的方法如下。

打开演示文稿中选择要进行母版设置的幻灯片页面,在"视图"选项卡中单击"幻灯片母版"按钮,进入"幻灯片母版"视图方式,并弹出"幻灯片母版"选项卡,如图 10-35 所示。

图 10-35 "幻灯片母版"选项卡

"幻灯片母版"选项卡的功能包括"编辑母版""母版版式""编辑主题""背景""关闭母版视图"等。

（1）插入母版：每一套幻灯片母版是由多个幻灯片母版页面组成，其中包含了该演示文稿中所有页面的母版，所谓插入幻灯片母版是指插入一整套幻灯片母版。

（2）插入版式：它与"插入母版"的区别是仅插入一页母版。

（3）"主题""颜色""字体""效果"按钮：每个按钮的下拉菜单中都包含多种选项。

（4）"删除"按钮：用于删除母版页面。

（5）保护母版：用于在删除某幻灯片时，WPS演示会自动删除这个幻灯片引用母版。保护母版就是防止该事件发生。

（6）"重命名"：用于对母版页重命名。

（7）"母版版式"：用于设置幻灯片母版中的占位符。

（8）"背景"：用于设置当前幻灯片或整个演示文稿的背景样式。这里背景格式的设定与WPS文字的背景格式完全一致。

（9）"另存背景"：用于将当前幻灯片背景保存为图片。

（10）"关闭"：用于关闭母版视图，返回幻灯片编辑模式。

10.4.2　讲义母版与备注母版

（1）讲义母版提供在一张打印纸上同时打印1、2、3、4、6、9张幻灯片的讲义版面布局选项设置和"页眉与页脚"的默认样式。

设置讲义母版的方法与幻灯片母版类似，在"视图"选项卡中单击"讲义母版"按钮，弹出"讲义母版"选项卡，如图10-36所示。

图10-36　讲义母版

"讲义母版"选项卡包括"讲义方向""幻灯片大小""每页幻灯片数量""页眉页脚""日期""页码""颜色""字体""效果""关闭"功能，与"幻灯片母版"中的功能基本相同，在此不再赘述。

（2）备注母版向各幻灯片添加"备注"文本的默认样式。进入备注母版的方法与设置讲义母版与幻灯片母版类似。"备注母版"选项卡如图10-37所示。备注母版与讲义母版设定和功能相同，在此不再赘述。

图10-37　备注母版

无论是编辑讲义内容还是设定备注内容的格式,都需要编辑母版,该文件中的所有幻灯片都会统一应用其格式,当然还可以逐一修改每张幻灯片的效果。

10.4.3 幻灯片美化设计

使用 WPS 演示制作演示文稿的最大特色是使演示文稿呈现一致的外观。更换一种新的演示文稿主题,是快速改变幻灯片外观的最佳选择。幻灯片设计主题包括演示文稿中所使用的项目符号、字体、字号、占位符、背景形状、颜色配置、母版等多种组件,只有统一配置这些组件才能生成风格统一、专业的幻灯片外观。

1. 应用主题

WPS 演示为用户提供了多种美化主题,下面简单介绍主题应用的方法。

打开需要设定主题的幻灯片,在"设计"选项卡中单击"智能美化"按钮或"更多设计"按钮,在弹出的"全文美化"窗口的"全文换肤""统一版式""智能配色""统一字体"选项卡中分别设置风格、版式或字体,如图 10-38 所示。选中某一风格后,窗口右侧会显示美化预览,通过"美化应用"按钮确认选择的主题美化。

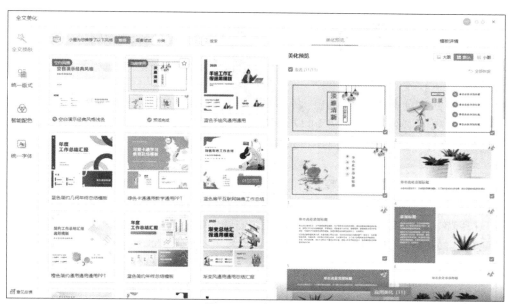

图 10-38　全文美化

📖提示:上述操作默认会应用于所有幻灯片,如果只想改变一张或几张幻灯片的主题,可以选中要更改的幻灯片,在"设计"选项卡中单击"单页美化"按钮,编辑区下方会出现选择美化风格的窗格。当光标在某个风格上悬停时,会出现应用和全文应用的选择,如图 10-39 所示。

2. 配色方案

一般情况下,WPS 演示的配色方案是由所应用的演示文稿设计主题所决定的,每种内置的颜色都是经过精心配置的,若不满意,用户可以自行修改。

修改美化配色方案的方法有两种。一是通过"全文美化"窗口中的"智能配色"进行选择;二是单击"设计"选项卡中的"配色方案",从下拉框中根据"按颜色""按色系""按风格"选择推荐的颜色方案,如图 10-40 所示。如果用户对系统提供的颜色不满意,也可以从"自定

图 10-39　单页美化

义"栏中选中"创建自定义配色"选项，设置满意的主题颜色，如图 10-41 所示。

"设计"选项卡中的"统一字体"可以设置字体，设置的内容与前面提到的"全文美化"窗口里的"统一字体"是相同的，在此不再赘述。

3. 背景设计

背景样式可用于主题背景、无主题的幻灯片背景，也可以自行设计一种幻灯片背景，满足自己的演示文稿个性化要求。

幻灯片背景和主题颜色均与颜色有关。它们的差别在于，主题颜色针对的是所有与颜色有关的项目，而背景只针对幻灯片背景。换言之，主题颜色包含背景颜色，而背景只是主题颜色的组件之一。

在"设计"选项卡中单击"背景"按钮，从下拉菜单中的选项或任务窗格中"对象属性"工具栏中的选项可完成背景设计，如图 10-42 所示。背景设计时，主要是对幻灯片背景的颜色、图案和纹理等进行调整，包括改变背景颜色、图案填充、纹理填充和图片填充等方式。背景设置同样可用于前述的主题背景设置。

（1）背景颜色填充。背景颜色设置有"纯色填充"和"渐变填充"两种方式。"纯色填充"是选择单一颜色填充背景，而"渐变填充"是将两种或更多种填充颜色逐渐混合在一起，以某种渐变方式从一种颜色逐渐过渡到另一种颜色，如图 10-43 所示。

（2）图片和纹理填充。这种填充方式可以是"图片或纹理"填充，在"绘图工具"选项卡中单击"填充"按钮，从下拉菜单中选中"图片或纹理"，在子菜单中选中"图片来源"为"本地图片"，在弹出的对话框中选中图片文件后，在"对象属性"窗格的菜单中选中"纹理填充"下拉列表中选中"纹理"，如图 10-44 所示。

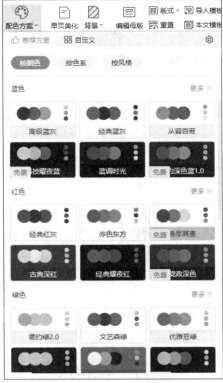

图 10-40　配色方案

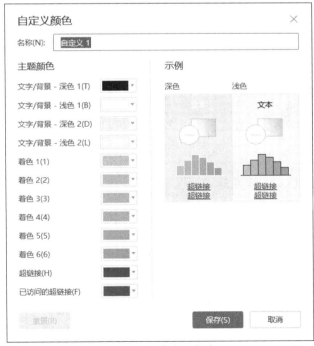

图 10-41　自定义颜色

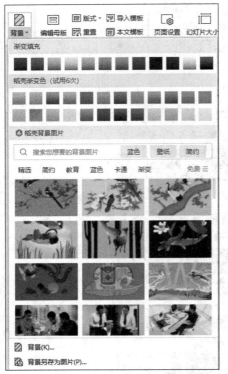

图 10-42　背景色设置

图 10-43　渐变填充

图 10-44　纹理图片填充

（3）图案填充。与"图片或纹理"填充不同，图案填充需要在选定好图案之后，设定前景色和背景色，如图 10-45 所示。

案例 10.3 打开案例 10.2 中完成的演示文稿"立夏.pptx"，要求完成如下任务。

任务 1：为演示文稿添加统一背景。

任务 2：对文稿中文本进行统一的修饰设定。

任务 3：对演示文稿中的每张幻灯片添加矩形图形。

任务 4：将标题幻灯片中的矩形图形隐藏，在主标题下插入一条白色直线。设置主标题文字的颜色为白色，字体为"华文琥珀"，字号为 96 磅，对齐方式为"垂直居中"，文字效果为"半倒影，8pt 偏移量"，设置副标题文字的颜色为白色，字号为 32 磅。

案例实现方法如下。

任务 1 实现：在"设计"选项卡中单击"编辑母版"按钮，或在"视图"选项卡中单击"幻灯片母版"按钮，单击右侧任务窗格中的"属性"按钮。在打开的"对象属性"窗格中，设置填充效果。单击"全部应用"按钮，全文稿就拥有统一的背景。

任务 2 实现：在"设计"选项卡中单击"编辑母版"按钮，或在"视图"选项卡中单击"幻灯片母版"按钮，在左侧窗格中选中"主题母版"幻灯片，在编辑窗格中设置标题样式和文本样式。例如，将标题的字体修改为"华文隶书"，字号为 48 磅，颜色为浅绿色；设置文本的字体为"幼圆"，字号为 28 磅，颜色为黑色。

任务 3 实现：在"设计"选项卡中单击"编辑母版"按钮，或在"视图"选项卡中单击"幻灯片母版"按钮，进入母版编辑状态，在"插入"选项卡中单击"形状"按钮，从下拉菜单中选中"矩形"，在"主题母版"幻灯片上用鼠标将矩形画在合适的位置上。在快速工具栏中将矩形叠放次序设置为"置于底层"，如图 10-46 所示。将颜色填充为白色。

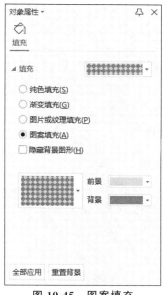

图 10-45　图案填充

图 10-46　设置叠放次序

任务 4 实现：关闭"幻灯片母版"视图，选中标题幻灯片，通过右侧的任务窗格打开"对象属性"窗格，选中"隐藏背景图形"复选框，则幻灯片中的矩形图形就被隐藏。在"插入"选项卡中单击"形状"按钮,在下拉菜单中选中"直线",用鼠标在主标题文字下画出一条直线。文字格式设置按要求分别设置,最终效果如图 10-47 所示。

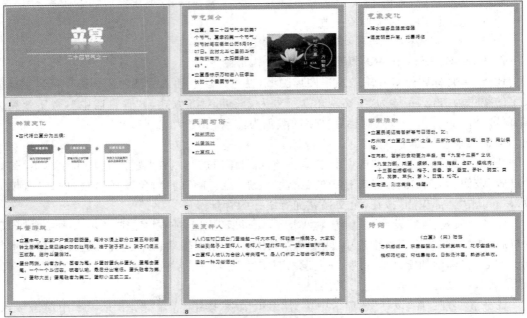

图 10-47　案例 10.3 完成效果

第 11 章　演示文稿的播放效果与放映设置

演示文稿的播放效果包括各对象的动画效果、幻灯片的切换效果和幻灯片的播放方式。

11.1　动　画　效　果

动画效果是演示文稿的特色,合理地使用动态效果可以使演示文稿更加生动活泼,更吸引注意力。

动画效果主要分为进入效果、强调效果、退出效果、路径动画 4 类。进入效果在播放时由"不可见到可见",共有 49 种;退出效果是在播放时由"可见到不可见",共有 48 种;强调效果和路径动画效果是在幻灯片播放时则始终处于"可见状态",前者共有 31 种,后者包括 64 种预设效果和 5 种自定义效果,如图 9-15 所示。

特定动画效果的实现,需要对各种动画效果巧妙地组合和精心地设计。为了增强动画特效,可以使用触发器对动画对象加以控制。

WPS 演示可以设置以下 4 种动画效果。

(1)"进入"效果。这种效果包括使对象逐渐淡入焦点、从边缘飞入幻灯片或者跳入视图等。

(2)"退出"效果。这种效果包括使对象飞出幻灯片、从视图中消失或者从幻灯片旋出。

(3)"强调"效果。这种效果的示例包括使对象缩小或放大、更改颜色或沿着其中心旋转。

(4)动作路径。使用这种效果可以使对象上下移动、左右移动或者沿着星形或圆形图案移动。

1. 进入效果

进入效果是幻灯片中插入的对象在幻灯片播放时以哪种动画形式出现在画面中。设定动画效果的方式如下。

(1)选中要添加动画的对象。

(2)在"动画"选项卡中选中所需的动画效果,如图 11-1 所示。

(3)在"动画"选项卡中单击"智能动画""动画模板"的下拉按钮▼,并在下拉菜单的"进入"栏中选择合适的效果,如图 11-2 和图 11-3 所示。

2. 强调效果和退出效果

强调效果是使演示文稿上已经具有的文字以动画的形式进行强调,通常是演示文稿中的重点内容或词汇。退出效果是将演示文稿中出现的文字隐去,通常用于演示文稿中内容较多的页面,多用于多个对象出现在同一个位置,且需要先行隐去前面出现的对象,再出现后面的对象。这两种效果的设定方法与进入特效的方式完全一样。不同的是效果选项不一样,如图 11-4 和图 11-5 所示。

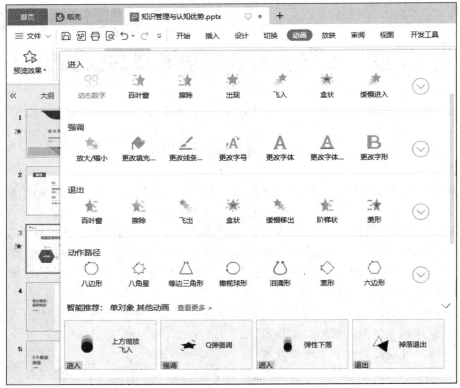

图 11-1 进入效果

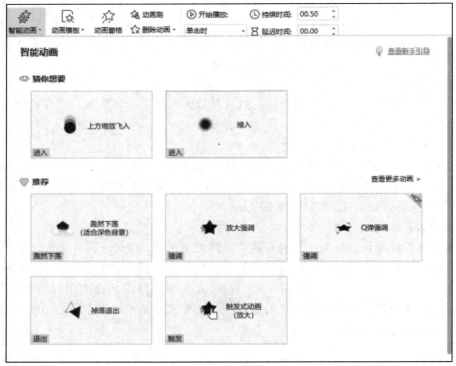

图 11-2 进入效果

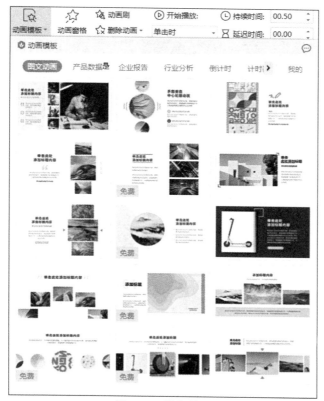

图 11-3　进入效果

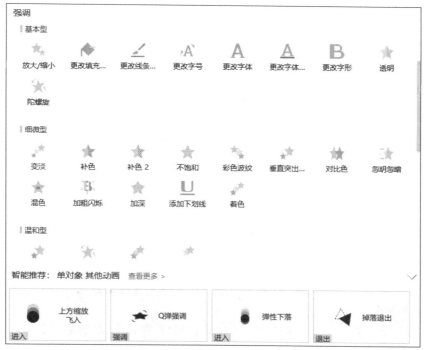

图 11-4　强调效果

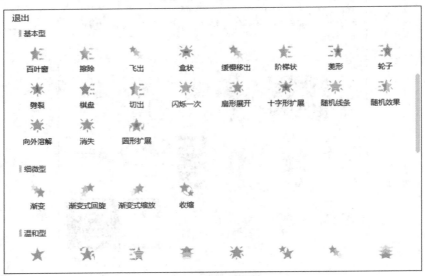

图 11-5　退出效果

3. 动作路径

除了前面介绍的几种效果,还可设置对象在特定路径上运动的效果,其设定方式与其他几种效果非常相似,设定的方法是单击下拉按钮☰,在下拉菜单中选中"动作路径"中的路径效果,如图 11-6 所示。

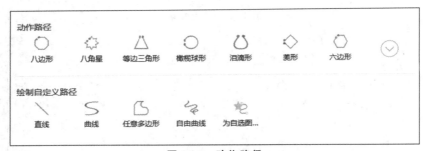

图 11-6　动作路径

如果 WPS 演示提供的路径仍然不能满足需要,还可以在下拉菜单中选中"绘制自定义路径"中的路径效果或随意指定对象的运动轨迹。具体方法如下。

（1）选中要添加动作路径的对象,单击下拉按钮☰,在下拉菜单中选中"绘制自定义路径"选项。

（2）在演示文稿的相应位置单击,设定自定义路径的起点,移动鼠标,在自定义路径的终点再次单击,结束绘制。下面,设定移动路径的关键结点(通常是路径方向发生变化的结点),设定路径结点的操作可以反复操作。注意,两个结点之间的路径默认为直线。

（3）路径可以设定为自由曲线,其方式是按住鼠标左键移动鼠标,此时光标移动的路径就是对象的移动路径。

（4）在设定路径时(2)、(3)两种方式可以结合使用,在路径设定结束时,双击鼠标左键,双击的位置即是路径结束的位置,效果如图 11-7 所示。

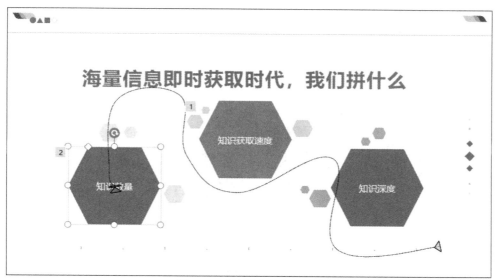

图 11-7 "绘制自定义"路径

4. 动画的其他设置

在"动画"选项卡中还有一些其他功能。

(1) "预览效果"。用于即时查看设定的当前动画效果。

(2) "动画属性"。用于对所设定的动画效果进行属性设置,例如,"飞入"效果的动画属性可以设定为飞入的各个方向,如图 11-8 所示。不同动画效果的属性是不同的。

(3) "文本属性"。用于修改文本动画的播放方式,包含"整体播放""按段落播放""逐字播放",如图 11-9 所示。

图 11-8 "动画属性"

图 11-9 "文本属性"

(4) "动画窗格"。用于在窗口的右侧弹出"动画窗格"窗格,其中显示了当前演示文稿页面的所有动画效果,并对每个效果添加了顺序编号,也就是播放顺序的编号,如图 11-10 所示。用户可以用"播放"按钮对列表中的动画效果进行预览,也可以通过左右方向按钮设定动画效果的时间。"重新排序"的两个按钮可以对页面中多个动画效果的播放顺序进行调整。当然,所有设定都需要首先选定要调整的动画对象。

(5) "动画刷"。用于复制所选对象的动画,应用在其他对象上。双击后可将动画复制到多个对象上。动画刷的效果与文字编辑时的格式刷非常相似。

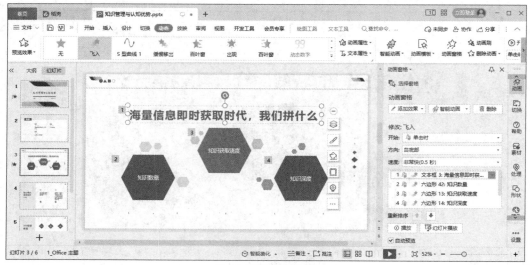

图 11-10　动画窗格

（6）"删除动画"。用于删除选中的对象、幻灯片或当前演示文稿的所有动画效果。

（7）"开始播放"。用于设定动画触发的时机，例如"单击时""与上一动画同时""在上一动画之后"。

（8）"持续时间"。用于设定动画播放持续时间。

（9）"延迟时间"。用于设定动画播放前的延迟时间。

11.2　幻灯片切换

幻灯片切换是指从一张幻灯片变换到另一张幻灯片的过程，是另一种向幻灯片添加视觉效果的方式，也称为换页。如果没有设置幻灯片切换效果，则在放映时单击鼠标会切换到下一张，而幻灯片切换效果是在演示期间从一张幻灯片移到下一张幻灯片时在幻灯片放映时出现的动画效果，可以控制切换效果的速度，添加声音，甚至还可以对切换效果的属性进行自定义。

为了使演示文稿中幻灯片播放时具有更好的视觉效果，可以设置幻灯片切换的翻页动画，调整幻灯片的切换方式、切换效果、切换速度等，其操作方法如下。

（1）选中要切换的幻灯片页面。

（2）在如图 11-11 所示的"切换"选项卡的"切换方式"组中选中列举的切换方式，可以通过调节右侧滚动条进行选择。也可以单击下拉按钮，在下拉框中选择切换方式，如图 11-12 所示。

图 11-11　"切换"选项卡

选中切换方式后，还可以在"效果选项"按钮的下拉菜单中对切换效果进行设定，如图 11-13 所示。切换方式不同，"效果选项"也有所不同。

图 11-12　切换方式

（3）"速度"。用于设定幻灯片切换的时间，单位为秒。

（4）"声音"下拉列表。用于添加幻灯片切换时的声音。除系统提供的若干种声音，还可以通过下拉菜单中的"来自文件"框选择切换时的声音。

（5）"鼠标单击时切换"和"定时自动切换"。用于设定切换触发的时机。

（6）"全部应用"按钮。一般情况下切换方式设定后只对当前页面有效，单击该按钮可以使切换方式应用于全部页面。

（7）"幻灯片切换"窗格。在右侧任务窗格中单击"切换"按钮，打开"幻灯片切换"窗格，如图 11-14 所示。其中的功能设定与"动画窗格"类似。

图 11-13　"效果选项"

图 11-14　"幻灯片切换"窗格

幻灯片切换的使用，能够加强幻灯片放映的生动性。注意，设置切换效果后务必放映一遍，明确效果是否符合主题需要。例如，在严肃场合播放的幻灯片切换效果过于花哨，会令人尴尬；若声音过于响亮，则在某些场合会令人不适。

11.3　幻灯片放映

放映幻灯片是制作演示文稿的最终目的,在针对不同的应用场景往往要设置不同的放映方式,选取适当放映方式能够增强演示效果。

"放映"选项卡如图 11-15 所示。

图 11-15　"放映"选项卡

(1)"从头开始"和"当页开始"按钮。用于设置播放幻灯片的开始位置。这两项功能通过状态栏中的 ▶· 按钮也可以设置。

(2)"自定义放映"按钮。单击"自定义放映"按钮,在弹出的"自定义放映"对话框中单击"新建"按钮,在弹出的"定义自定义放映"对话框中,左栏是幻灯片的完整版,右栏是定义后要放映的幻灯片的页面。可以通过选中幻灯片后单击"添加"按钮或双击要添加的幻灯片将左栏的页面添加到右栏,也可以通过单击"删除"按钮或双击右栏中要删除的幻灯片将不需要放映的幻灯片删除。在上方的文本框输入名字后,一个自定义放映的演示文稿就建成了,如图 11-16 所示。

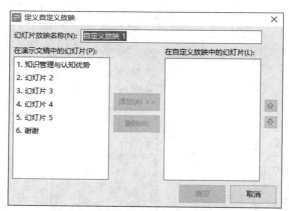

图 11-16　"定义自定义放映"对话框

(3)"会议"按钮。通过接入码,可快速邀请多人加入线上会议,同步观看放映效果。

(4)"放映设置"按钮。用于设置幻灯片的放映方式。在该按钮的下拉菜单中可选择"手动放映""自动放映""放映设置"。选中"放映设置"选项,会弹出"设置放映方式"对话框,如图 11-17 所示。

① "放映类型"栏。"演讲者放映(全屏幕)"方式是常规的全屏幻灯片放映方式,在放映过程中既可以人工控制,也可以使用"排练计时"方式让其自动放映。如果放映幻灯片的计算机无人看管,可以选中"展台自动循环放映(全屏幕)"方式,此时在"放映选项"栏中会默认选中"循环放映,按 Esc 键终止"复选框。

② "放映选项"栏。用于设置"放映时不加动画"效果,以及绘图笔颜色的设置。

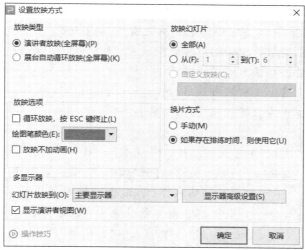

图 11-17 "设置放映方式"对话框

③"放映幻灯片"栏。用于设置幻灯片放映时的"全部"或者"自定义放映"。若要从原幻灯片中选取某些不连续的幻灯片页面放映,就需要使用前面所提到的"自定义放映"方式。

在不同的场景,可根据需要播放同一个演示文稿中指定的幻灯片,自定义放映可以根据目标观众或讨论主题创建不同的播放部分。例如,可以为某个观众群体播放演示文稿概要而为另一个观众群体播放同一演示文稿的全部内容。基本前提是所有幻灯片必须包含在同一个演示文稿中。自定义放映可理解为希望为特定观众放映的幻灯片系列。

(5)"隐藏幻灯片"按钮。对于制作好的演示文稿,如果希望其中的部分幻灯片在放映时不显示,可以使用该功能将其隐藏起来。

(6)"排练计时"按钮。排练计时有两个用途:第一个用途是讲述者要进行的是限时讲解,那练习讲稿时需要用排练时间来自我测试;第二个用途是为了设定自动切换时间,如果希望播放幻灯片时不让其自动播放,需要知道什么时候切换到下一张,排练计时就可用于设定切换时间。

(7)"演讲备注"按钮。用于给当前幻灯片加备注。在放映时如想记录内容而不退出放映,可右击屏幕,从弹出的快捷菜单中选中"演讲备注"选项,以便把内容记录到幻灯片下方的"备注"窗格中。

(8)"放映到"下拉列表。用于选择放映设备。可配合"显示演讲者视图"复选框使用。

(9)"屏幕录制"按钮。用于多种模式录制屏幕操作,可轻松制作教学视频,如图 11-18 所示。

图 11-18 "屏幕录制"对话框

（10）"手机遥控"。用于在播放演示文稿时，用手机遥控计算机进行翻页。

案例 11.1　打开案例 10.3 中创建的演示文稿"立夏.pptx"。要求完成如下任务。

任务 1：在第 2 页幻灯片中为幻灯片对象设置动画。

任务 2：对幻灯片的切换方式进行设置。

任务 3：定义一个自定义放映方式，放映幻灯片的 1、2、3、4、9 页。

任务 4：将文件保存为直接放映文件，文件名为"立夏. ppsx"。

案例实现方法如下。

任务 1 实现方法。选择第 2 页幻灯片，在"动画"选项卡右侧的任务窗格中单击"动画"按钮，打开"动画"窗格。依次选中幻灯片中的各文本和图片，添加动画效果及进行相关属性的设置。例如，将标题设置为"飞入"动画效果，在"动画属性"下拉菜单中选中"自顶部"选项；将文本框内文字的动画效果设置为"切入"，方向为"自底部"，从"文本属性"下拉菜单中选中"逐字播放"选项，速度为"非常快（0.5秒）"，或是设置持续时间。

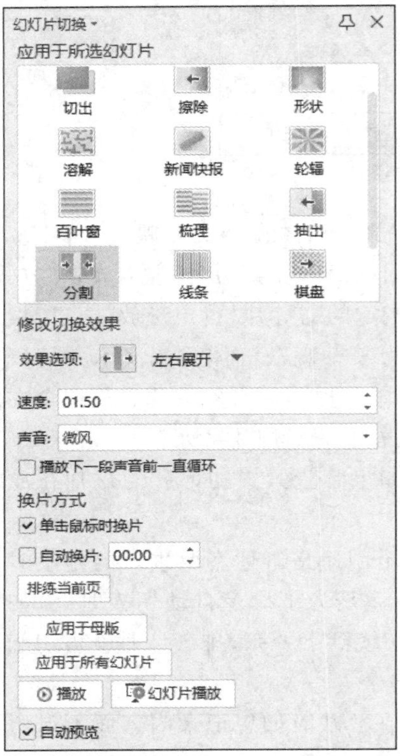

图 11-19　"幻灯片切换"窗格

任务 2 实现方法。

① 选中第 1 页幻灯片，在"切换"选项卡中单击"分割"按钮，再单击"效果选项"按钮，从下拉菜单中选中"向左右展开"选项，从"切换"选项卡的"声音"下拉列表中选中"微风"，"速度"框中填入"1.50"秒。也可打开右侧的"幻灯片切换"窗格，进行如图 11-19 所示的设置。

② 选中第 2～9 页幻灯片，在"切换"选项卡中选择"随机"切换效果。从"切换"选项卡的"声音"下拉列表中选中"微风"，在"速度"框中填入"1.50"秒。也可打开右侧"幻灯片切换"窗格设置。

任务 3 实现方法。

① 在"放映"选项卡中单击"自定义放映"按钮，从下拉菜单中选中"自定义放映"选项，弹出如图 11-20 所示的"自定义放映"对话框。

② 单击"新建"按钮，在弹出的"定义自定义放映"对话框中双击将左侧"在演示文稿中的幻灯片"栏中幻灯片添加到右侧"在自定义放映中的幻灯片"栏中，将幻灯片的名字设置为"立夏 1"，然后单击"确定"按钮，如图 11-21 所示。这样就可以在"自定义放映"中播放"立夏 1"这一组幻灯片了。

在"放映"选项卡中单击"自定义放映"按钮，在弹出的"自定义放映"对话框中选中自定义放映的名称进行播放，如图 11-22 所示。

任务 4 实现方法。

① 打开 WPS 演示文稿，在"文件"菜单中选中"另存为"选项，在弹出的"另存为"对话框中输入文件名"立夏"。

② 在"保存类型"中选中"PowerPoint 放映文件（＊．ppsx）"，然后单击"保存"按钮完成操作。

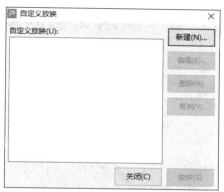

图 11-20 自定义放映对话框

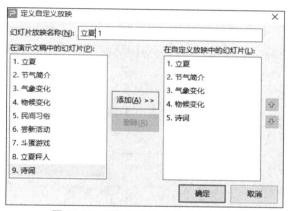

图 11-21 "定义自定义放映"对话框

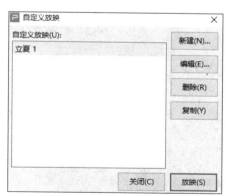

图 11-22 选择自定义放映的名称

第12章 演示文稿的输出

WPS 演示有多种输出方式，用于不同的用途和环境。例如，在打印时，合理地选用输出方式可保证打印的正确或完整。

12.1 WPS 演示文稿的输出

WPS 演示文稿的扩展名默认为.pptx，以便与微软公司的演示文稿兼容。此外，WPS 演示也可另存为扩展名为.dps 的文件，此为 WPS 演示文稿专用的扩展名。

1. 放映文件

如果需要打开文件即为放映状态，可将演示文稿另存为.ppsx 文件，双击后会直接开始放映演示文稿，而不进入 WPS 演示编辑界面；放映结束之后，WPS 演示的窗口会自动关闭。如果要编辑.ppsx 文件的内容，只能先打开 WPS 演示，然后在"文件"菜单中选中"打开"选项。

2. 其他格式的输出

WPS 演示可输出多种格式。在"文件"菜单中选中"另存为"选项，可以快速地将演示文稿输出为各种格式的文件，如图 12-1 所示。

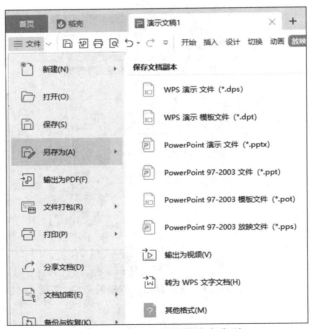

图 12-1 演示文稿其他输出类型

如果所存文件类型在"另存为"的子菜单中没有，则可单击"其他格式"项。在弹出的"另存为"窗口中提供的 20 种不同文件类型中进行选择,如图 12-2 所示。

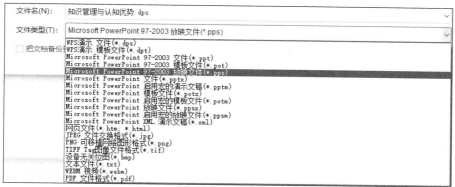

图 12-2 保存文件的"文件类型"选择

12.2 演示文稿的打印设置

在使用 WPS 演示时,常需要进行打印输出,下面简单介绍"打印"对话框的功能。

在"文件"菜单中选中"打印"选项,弹出如图 12-3 所示的"打印"对话框,或按 Ctrl+P 组合键,在其中可设置连接的打印机、打印模式、内容范围、份数等,单击"确定"按钮就可以进行打印。

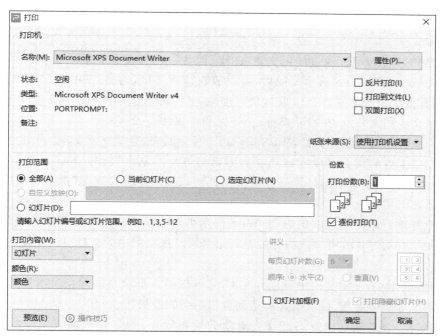

图 12-3 "打印"对话框

"打印"对话框由打印机、打印范围、份数、打印内容、讲义 5 部分组成。

(1) 打印机栏。在"名称"列表中可以选择计算机连接的打印机,并在下方查看此打印机的状态、类型、位置等信息。在右侧有"属性"按钮、打印方式选择（"反片打印""打印到文件""双面打印"）、"纸张来源"下拉列表。

① 反片打印。该功能是 WPS Office 2019 提供的一种独特的打印输出方式，以"镜像"显示幻灯片，可满足特殊排版印刷的需求，通常会应用在印刷行业，例如学校将试卷反片打印在蜡纸上，再通过油印方式印刷多份试卷。

② 打印到文件。主要用于文件不需要纸质幻灯片，以计算机文件形式保存，具有一定的防篡改作用。

③ 双面打印。可以将幻灯片打印成双面，节省资源，降低消耗。

④ 纸张来源。用于"使用打印机设置""自动""多功能托盘""纸盒"的设定，一般会采用打印机设置，由打印机自动分配纸盒，也可以自定义设置纸盒。

（2）"打印范围"栏。用于选择"全部""当前幻灯片""选定幻灯片"。若想指定打印某几页幻灯片，选中幻灯片，并输入页码或者编号即可。

（3）"份数"栏。用于设定"打印份数"和是否"逐份打印"，可在此处调整份数并进行多份打印。若打印的幻灯片需要按份输出，可以选中"逐份打印"，保证幻灯片输出的连续性。

（4）"打印内容"栏。用于设置幻灯片的打印内容。

例如打印"幻灯片""打印讲义""备注页"或者"大纲视图"，也可设置打印颜色为彩色与纯黑白色。

（5）"讲义"栏。若要打印讲义内容，可以在此处设置每页打印幻灯片的页数与顺序。

12.3 小　　结

通过 WPS 演示，可以通过使用文本、图形、照片、视频、动画等手段设计具有视觉震撼力的演示文稿。创建 WPS 演示文稿后，可以放映演示文稿，通过 Web 邀请多人共同观看放映，或与其他用户分享文件。作为 WPS Office 套装软件中的一个重要组件，WPS 演示制作出的演示文稿图文并茂，具有动态性、交互性和可视性。

作为一款演示文稿制作软件，WPS 演示可方便、快速地建立演示文稿，利用"文件"菜单和"开始"选项卡内的按钮可以完成建立和编辑幻灯片的基本操作。对于已建立的演示文稿，可采用多种视图模式对幻灯片进行编辑、浏览和观看。利用"视图"选项卡中的工具，可在多种视图之间切换。

为了更好地展示演示文稿的内容，WPS 演示可对演示文稿进行外观设计，利用幻灯片母版可以使所有幻灯片具有一致的外观。利用"设计"选项卡内的工具可以完成文稿外观的设计。

在 WPS 演示中，演示文稿中可包含文本，还可以插入形状与图片、表格与图表、声音与视频及艺术字等媒体对象，使演示文稿达到意想不到的效果。

在 WPS 演示中，通过设置幻灯片中对象的动画效果、幻灯片切换方式和放映控制方式，可以更加充分展现演示文稿的内容和达到预期的目的。设置了幻灯片动态性和交互性效果的演示文稿，放映演示时更加富有感染力和生动性。

在 WPS 演示中，演示文稿还可以打包输出和格式转换，以便满足不同情况的需求。

附录 A　WPS Office 快捷键

WPS 文字的快捷键如表 A-1 所示。

表 A-1　WPS 文字的快捷键

应用环境	功　　能	快　捷　键
系统	WPS 文字帮助	F1
	任务窗格	Ctrl＋F1
	新建空白文档	Ctrl＋N
	打开文件	Ctrl＋O
	下一个页面切换	Ctrl＋Tab
	上一个页面切换	Ctrl＋Shift＋Tab
	最小化窗口	Alt＋Space＋N
	最大化窗口	Alt＋Space＋X
	还原窗口	Alt＋Space＋R
	并排比较两个文档	Alt＋W＋B
	关闭文档窗口	Ctrl＋W
	WPS 文字帮助	F1
编辑	复制	Ctrl＋C
	剪切	Ctrl＋X
	保存	Ctrl＋S
	另存为	F12
	粘贴	Ctrl＋V
	复制格式	Ctrl＋Shift＋C
	粘贴格式	Ctrl＋Shift＋V
	全选	Ctrl＋A
	查找	Ctrl＋F
	向后增加块选区域	Shift＋→
	向左增加块选区域	Shift＋←
	文档首	Ctrl＋Home
	文档尾	Ctrl＋End
	向左智能删词	Ctrl＋Backspace

应用环境	功　　能	快　捷　键
编辑	智能词选,无词组时选中单个字	段落内双击鼠标左键
	块选段落	段落左侧双击鼠标左键
	全选文档	文档左侧三击鼠标左键
	插入改写	单击键盘 Insert 键
	行首	一行内按 Home 键
	行末	一行内按 End 键
	替换	Ctrl＋H
	定位	Ctrl＋G
	撤销	Ctrl＋Z
	恢复	Ctrl＋Y
	插入书签	Ctrl＋Shift＋F5
	插入分页符	Ctrl＋Enter
	插入换行符	Shift＋Enter
	插入空域	Ctrl＋F9
	插入超链接	Ctrl＋K
	打印	Ctrl＋P
格式	字体	Ctrl＋D
	加粗	Ctrl＋B
	倾斜	Ctrl＋I
	增大字号	Ctrl＋Shift＋.或者 Ctrl＋]
	减小字号	Ctrl＋Shift＋,或者 Ctrl＋[
	上标	Ctrl＋Shift＋＝
	下标	Ctrl＋＋
	两端对齐	Ctrl＋J
	居中对齐	Ctrl＋E
	左对齐	Ctrl＋L
	右对齐	Ctrl＋R
	分散对齐	Ctrl＋Shift＋J
	增加缩进量	Alt＋Shift＋Right
	减少缩进量	Alt＋Shift＋Left
	Web 版式	Ctrl＋Alt＋W

应用环境	功　能	快　捷　键
格式	以行分开表格	Shift＋Ctrl＋Return(数字键盘的 Enter)
	以列分开表格	Shift＋Alt＋Return(数字键盘的 Enter)
	以行分开表格	Shift＋Ctrl＋Enter
	以列分开表格	Shift＋Alt＋Enter
	字体	Ctrl＋D
	加粗	Ctrl＋B
	倾斜	Ctrl＋I
	增大字号	Ctrl＋Shift＋.或者 Ctrl＋]
	减小字号	Ctrl＋Shift＋,或者 Ctrl＋[
	上标	Ctrl＋Shift＋＝
	下标	Ctrl＋＋
	两端对齐	Ctrl＋J
	居中对齐	Ctrl＋E
	左对齐	Ctrl＋L
	右对齐	Ctrl＋R
	分散对齐	Ctrl＋Shift＋J
	增加缩进量	Alt＋Shift＋Right
	减少缩进量	Alt＋Shift＋Left
	Web 版式	Ctrl＋Alt＋W
	以行分开表格	Shift＋Ctrl＋Return(数字键盘的 Enter)
	以列分开表格	Shift＋Alt＋Return(数字键盘的 Enter)
	以行分开表格	Shift＋Ctrl＋Enter
	以列分开表格	Shift＋Alt＋Enter
大纲	大纲模式	Ctrl＋Alt＋O
	大纲模式的提升	Ctrl＋Alt＋Left
	大纲模式的降低	Ctrl＋Alt＋Right
	大纲模式的上移	Shift＋Alt＋Up
	大纲模式的下移	Shift＋Alt＋Down
	大纲模式的降为正本文本	Ctrl＋Shift＋N
	大纲模式的展开	Shift＋Alt＋＝
	大纲模式的折叠	Shift＋Alt＋－

应用环境	功　　能	快　　捷　　键
大纲	大纲下 显示级别 1	Alt＋Shift＋1
	大纲下 显示级别 2	Alt＋Shift＋2
	大纲下 显示级别 3	Alt＋Shift＋3
	大纲下 显示级别 4	Alt＋Shift＋4
	大纲下 显示级别 5	Alt＋Shift＋5
	大纲下 显示级别 6	Alt＋Shift＋6
	大纲下 显示级别 7	Alt＋Shift＋7
	大纲下 显示级别 8	Alt＋Shift＋8
	大纲下 显示级别 9	Alt＋Shift＋9
	大纲下 显示级别所有	Alt＋Shift＋a

WPS 表格的快捷键如表 A-2 所示。

表 A-2　WPS 表格的快捷键

应用环境	功　　能	快　　捷　　键
编辑	向下填充	Ctrl＋D
	向右填充	Ctrl＋R
	定义名称	Ctrl＋F3
	插入超链接	Ctrl＋K
	键入当前日期	Ctrl＋;
	键入当前时间	Ctrl＋Shift＋;
	用当前输入项填充选定的单元格区域	Ctrl＋Enter
	切换到上一个工作表	Ctrl＋PageUp
	切换到下一个工作表	Ctrl＋PageDown
	选中到上一屏相应单元格区域	Shift＋PageUp
	选中到下一屏相应单元格区域	Shift＋PageDown
	将选定区域扩展到工作表的开始	Ctrl＋Shift＋Home
	完成输入并向上选取上一个单元格	Shift＋Enter
	将选定区域扩展到行首	Shift＋Home
	完成输入并向右选取下一个单元格	Tab
	完成输入并向左选取上一个单元格	Shift＋Tab

WPS 演示的快捷键如表 A-3 所示。

表 A-3 WPS 演示的快捷键

应用环境	功　　能	快　　捷　　键
编辑	当前页面播放	F5
	退出演示播放	Esc
	跳转到第 X 页演示页	Number＋Enter
	隐藏鼠标指针	Ctrl＋H
	显示右键菜单	Shift＋F10
	键入当前时间	Ctrl＋Shift＋;

附录 B WPS 表格的常用函数

WPS 表格的常用函数如表 B-1 所示。

表 B-1 WPS 表格的常用函数

分类	功能	举 例	说 明
数字处理	取绝对值	＝ABS(数字)	
	取整	＝INT(数字)	
	四舍五入	＝ROUND(数字,小数位数)	
判断公式	把公式产生的错误值显示为空	＝IFERROR(A2/B2,"")	如果是错误值则显示为空,否则正常显示
	IF 多条件判断返回值	＝IF(AND(A2＜500,B2＝"未到期"),"补款","")	两个条件同时成立用 AND,任一个成立用 OR
统计公式	统计两个表格重复的内容	＝COUNTIF(Sheet15!A:A,A2)	如果返回值大于 0 说明在另一个表中存在,0 则不存在
	统计不重复的总人数	＝ SUMPRODUCT（1/COUNTIF(A2:A8,A2:A8))	说明:用 COUNTIF 统计出每人的出现次数,用 1 除的方式把出现次数变成分母,然后相加
求和公式	隔列求和	＝SUMIF($A$2:$G$2,H$2,A3:G3)或＝SUMPRODUCT((MOD(COLUMN(B3:G3),2)＝0)*B3:G3)	如果标题行没有规则用第 2 个公式
	单条件求和	＝SUMIF(A:A,E2,C:C)	SUMIF 函数的基本用法
	多条件模糊求和	＝SUMIFS(C2:C7,A2:A7,A11&"*",B2:B7,B11)	在 SUMIFS 中可以使用通配符 *
	多表相同位置求和	＝SUM(Sheet1:Sheet19!B2)	在表中间删除或添加表后,公式结果会自动更新
	按日期和产品求和	＝ SUMPRODUCT((MONTH($A$2:$A$25)＝F$1)*($B$2:$B$25＝$E2)*$C$2:$C$25)	SUMPRODUCT 可以完成多条件求和
查找与引用公式	单条件查找公式	＝VLOOKUP(B11,B3:F7,4,FALSE)	查找是 VLOOKUP 最擅长的,基本用法
	双向查找公式	＝INDEX(C3:H7,MATCH(B10,B3:B7,0),MATCH(C10,C2:H2,0))	利用 MATCH 函数查找位置,用 INDEX 函数取值

分类	功能	举 例	说 明
查找与引用公式	查找最后一条符合条件的记录	LOOKUP(1,0/(B:B=D2),A:A)	0/(条件)可以把不符合条件的变成错误值,而LOOKUP可以忽略错误值
	按数字区域间取对应的值	VLOOKUP(D2,Sheet2!A:B,2,0)	VLOOKUP和LOOKUP函数都可以按区间取值,一定要注意,销售量列的数字一定要升序排列
字符串处理公式	多单元格字符串合并	=PHONETIC(A2:A7)	PHONETIC函数只能对字符型内容合并,数字不可以
	截取左部分	=LEFT(D1,LEN(D1)−3)	LEN计算出总长度,LEFT从左边截总长度−3个
	截取-前的部分	=LEFT(A1,FIND("-",A1)−1)	用FIND函数查找位置,用LEFT截取
	截取字符串中任一段的公式	=TRIM(MID(SUBSTITUTE($A1,"",REPT("",20)),20,20))	公式是利用强插多个空字符的方式进行截取
	字符串查找	=IF(COUNT(FIND("河南",A2))=0,"否","是")	用来判断查找是否成功
	字符串查找一对多	=IF(COUNT(FIND({"辽宁","黑龙江","吉林"},A2))=0,"其他","东北")	设置FIND第一个参数为常量数组,用COUNT函数统计FIND查找结果
日期计算公式	计算两日期相隔的年、月、天数	=datedif(A1,B1,"D")	计算相隔多少天。其中,A1是开始日期(2011-12-1),B1是结束日期(2013-6-10),下同。"D"表示时间段中的天数。 结果:557
		=datedif(A1,B1,"M")	计算相隔多少月。其中,"M"表示时间段中的整月数。 结果:18
		=datedif(A1,B1,"Y")	计算相隔多少年。其中,"Y"表示时间段中的整年数。 结果:1
		=datedif(A1,B1,"Ym")	计算在不考虑年时相隔多少月。其中,"YD"表示月数的差。忽略日期中的年。 结果:6
		=datedif(A1,B1,"YD")	
		=datedif(A1,B1,"MD")	计算不考虑年月相隔多少天。其中,"MD"表示天数的差。忽略日期中的月和年。 结果:9
	扣除周末天数的工作日天数	=NETWORKDAYS.INTL(IF(B2<DATE(2015,1,1),DATE(2015,1,1),B2),DATE(2015,1,31),11)	返回两个日期之间的所有工作日数,使用参数指示哪些天是周末,以及有多少天是周末。周末和任何指定为假期的日期不被视为工作日
	查找重复内容	=IF(COUNTIF(A:A,A2)>1,"重复","")	

分类	功能	举例	说明
日期计算公式	用出生年月来计算年龄	＝TRUNC((DAYS360(H6,"2009/8/30",FALSE))/360,0)	
	从输入的18位身份证号的出生年月计算	＝TENATE(MID(E2,7,4),"/", MID(E2,11,2),"/",MID(E2,13,2))	
	从输入的身份证号码内让系统自动提取性别	＝IF(LEN(G8)＝15,IF(MOD(MID(G8,15,1),2)＝1,"男","女"),IF(MOD(MID(G8,17,1),2)＝1,"男","女"))	公式内的"G8"代表的是输入身份证号码的单元格
	求和	＝SUM(K2:K56)	对 K2～K56 这一区域进行求和
	平均数	＝AVERAGE(K2:K56)	对 K2～K56 区域求平均数
	排名	＝RANK(K2,K＄2:K＄56)	对 55 名学生的成绩进行排名
	等级	＝IF(K2＞＝85,"优",IF(K2＞74,"良",IF(K2＞＝60,"及格","不及格")))	
	学期总评	＝K2*0.3＋M2*0.3＋N2*0.4	假设 K 列、M 列和 N 列分别存放着学生的"平时总评""期中""期末"三项成绩
	最高分	＝MAX(K2:K56)	求 K2～K56 区域(55 名学生)的最高分
	最低分	＝MIN(K2:K56)	求 K2～K56 区域(55 名学生)的最低分
	分数段人数统计	＝COUNTIF(K2:K56,"100")	求 K2～K56 区域 100 分的人数;假设把结果存放于 K57 单元格
		＝COUNTIF(K2:K56,"＞＝95")－K57	求 K2～K56 区域 95～99.5 分的人数;假设把结果存放于 K58 单元格
		＝COUNTIF(K2:K56,"＞＝90")－SUM(K57:K58)	求 K2～K56 区域 90～94.5 分的人数;假设把结果存放于 K59 单元格
		＝COUNTIF(K2:K56,"＞＝85")－SUM(K57:K59)	求 K2～K56 区域 85～89.5 分的人数;假设把结果存放于 K60 单元格
		＝COUNTIF(K2:K56,"＞＝70")－SUM(K57:K60)	求 K2～K56 区域 70～84.5 分的人数;假设把结果存放于 K61 单元格
		＝COUNTIF(K2:K56,"＞＝60")－SUM(K57:K61)	求 K2～K56 区域 60～69.5 分的人数;假设把结果存放于 K62 单元格
		＝COUNTIF(K2:K56,"＜60")	求 K2～K56 区域 60 分以下的人数;假设把结果存放于 K63 单元格;COUNTIF 函数也可计算某一区域男、女生人数。例如,＝COUNTIF(C2:C351,"男")用于求 C2～C351 区域(共 350 人)男性人数

分类	功能	举 例	说 明
日期计算公式	优秀率	＝SUM(K57:K60)/55＊100	
	及格率	＝SUM(K57:K62)/55＊100	
	标准差	＝STDEV(K2:K56)	求 K2～K56 区域(55 人)的成绩波动情况(数值越小,说明该班学生间的成绩差异较小,反之,说明该班存在两极分化)
	条件求和	＝SUMIF(B2:B56,"男",K2:K56)	假设 B 列存放学生的性别,K 列存放学生的分数,则此函数返回的结果表示求该班男生的成绩之和
	多条件求和	{＝SUM(IF(C3:C322＝"男",IF(G3:G322＝1,1,0)))}	假设 C 列(C3～C322 区域)存放学生的性别,G 列(G3～G322 区域)存放学生所在班级代码(1、2、3、4、5),则此函数返回的结果表示求一班的男生人数;这是一个数组函数,输完后要按 Ctrl＋Shift＋Enter 组合键产生"{ }"。"{ }"不能手工输入,只能用组合键产生
	根据出生日期自动计算周岁	＝TRUNC((DAYS360(D3,NOW()))/360,0)	假设 D 列存放学生的出生日期,E 列输入该函数后则产生该生的周岁

附录 C　WPS 文字实操：毕业论文

1. 题目要求

素材文档"WPS.docx"是张三同学撰写的毕业设计论文，帮其完善论文的排版工作。下面操作均基于此文件。

（1）设置文档属性摘要的标题为"工学硕士学位论文"，作者为"张三"。

（2）设置上、下页边距均为 2.5 厘米，左、右页边距均为 3 厘米；页眉、页脚距边界均为 2 厘米；设置"只指定行网格"，每页 33 行。

（3）对文中使用样式进行如下调整。

① 将"正文"样式的中文字体设置为"宋体"，西文字体设置为 Times New Roman。

② 将"标题 1"（章标题）、"标题 2"（节标题）和"标题 3"（条标题）样式的中文字体设置为"黑体"，西文字体设置为 Times New Roman。

③ 将每章的标题均设置为自动另起一页，即始终位于下页首行。

（4）"章、节、条"三级标题均已预先应用了多级编号，请按下列要求做进一步处理。

① 按表 C-1 的要求修改编号格式，编号末尾不加"."，编号数字样式均设置为半角阿拉伯数字（1,2,3,…）。

表 C-1　编号的格式

标 题 级 别	编 号 格 式	编号数字样式	标 题 编 号 示 例
1（章标题）	第①章		第 1 章，第 2 章，…，第 n 章
2（节标题）	①.②	1,2,3	1.1，1.2，…，n.1，n.2
3（条标题）	①.②.③		1.1.1，1.1.2，…，n.1.1，n.1.2

② 各级编号后以空格代替制表符与标题文本隔开。

③ 节标题在章标题之后重新编号，条标题在节标题之后重新编号，例如：第 2 章的第 1 节应编号为"2.1"而非"2.2"等。

（5）使用题注功能，按下列要求对第 4 章中的 2 张图片分别应用按章连续自动编号，以代替原先的手动编号。

① 图片编号应形如"图 4-1"等，其中连字符"-"前面的数字代表章号、"-"后面的数字代表图片在本章中出现的次序。

② 图片题注中，标签"图"与编号"4-1"之间要求无空格（该空格需生成题注后再手动删除），编号之后以一个半角空格与图片名称字符间隔开。

③ 修改"图片"样式的段落格式，使正文中的图片始终自动与其题注所在段落位于同一页面中。

④ 在正文中通过交叉引用为图片设置自动引用其图片编号，替代原先的手动编号（保持字样不变）。

（6）参照图 C-1"三线表"样式美化论文第 2 章中的"表 2-1"。

User1	1	1	0	0
User2	1	1	0	1
User3	1	0	0	0
User4	0	1	1	1

图 C-1 "三线表"样式

① 根据内容调整表格列宽，并使表格适应窗口大小，即表格左右恰好充满版心。

② 按图示样式设置表格边框，上、下边框线为 1.5 磅粗黑线，内部横框线为 0.5 磅细黑线。

③ 设置表格标题行（第 1 行）在表格跨页时能够自动在下页顶端重复出现。

（7）为论文添加目录，具体要求如下。

① 在论文封面页之后、正文之前引用自动目录，包含 1～3 级标题。

② 使用格式刷将"参考文献"标题段落的字体和段落格式完整应用到"目录"标题段落，并设置"目录"标题段落的大纲级别为"正文文本"。

③ 将目录中的 1 级标题段落的字体设置为"黑体"，字号为"小四号"，2 级和 3 级标题段落的字体设置为"宋体"，字号为"小四号"，英文字体全部设置为 Times New Roman，并且要求这些格式在更新目录时保持不变。

（8）将论文分为封面页、目录页、正文章节、参考文献页共 4 个独立的节，每节都从新的一页开始（必要时删除空白页使文档不超过 8 页），并按要求对各节的页眉页脚分别独立编排。

① 封面页不设页眉横线，文档的其余部分应用任意"上粗下细双模线"样式的预设页眉横线。

② 封面页不设页眉文字，目录页和参考文献页的页眉处添加"工学硕士学位论文"字样，正文章节页的页眉处设置"自动"获取对应章标题（含章编号和标题文本，并以半角空格间隔。例如，正文第 1 章的页眉字样应为"第 1 章 绪论"）且页眉文字"居中对齐"。

③ 封面页不设页码，目录页应用大写罗马数字页码（Ⅰ，Ⅱ，Ⅱ，…），正文章节页和参考文献页统一应用半角阿拉伯数字页码（1，2，3，…）且从数字 1 开始连续编码。页码数字在页脚处居中对齐。

（9）论文第 3 章中的公式段落，请使用制表位格式，实现将正文公式内容在 20 字符位置处"居中对齐"，公式编号在 40.5 字符位置处"右对齐"。

（10）保存"WPS.docx"文字文档；然后使用"输出为 PDF 功能"，在源文件目录下将其输出为带权限设置的 PDF 格式文件，权限设置为"禁止更改"和"禁止复制"，权限密码设置为"123"（无须设置文件打开密码），其他选项保持默认即可。

2. 实操过程解析

1）添加摘要属性

（1）双击打开文件 WPS.docx。

（2）在"文件"菜单中选中"文件加密"选项，在子菜单中选中"属性"，弹出"WPS.docx 属性"对话框。

① 选择"摘要"选项卡的在"标题"文本框中输入"工学硕士学位论文"。

② 在"作者"文本框中输入"张三",如图 C-2 所示。

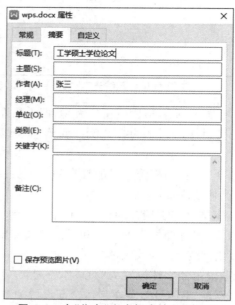

图 C-2 在"作者"文本框中输入"张三"

③ 单击"确定"按钮,完成设置。

2)面格式的设置

(1)设置页边距。在"页面布局"选项卡中单击"页面设置"组的对话框启动按钮,弹出"页面设置"对话框。在"页边距"选项卡中设置"上""下""左""右"边距,结果如图 C-3 所示。

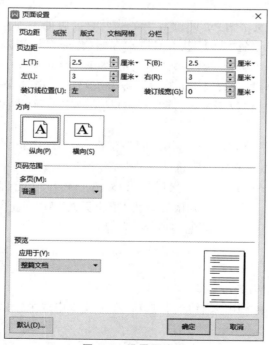

图 C-3 设置页边距

（2）设置版式。在"页面设置"对话框的"版式"选项卡中设置页眉和页脚，如图 C-4 所示。

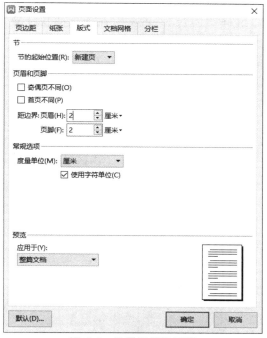

图 C-4　设置页眉和页脚

（3）设置文档网格。在"页面设置"对话框的"文档网格"选项卡中选中"网格"栏的"只指定行网格"单选按钮，如图 C-5 所示。

图 C-5　设置文档网格

3）样式的修改

（1）修改正文样式。

① 选择"开始"选项卡的样式中右击"正文"，在弹出的快捷菜单中选中"修改样式"选项，弹出"修改样式"对话框。

② 在"修改样式"对话框中单击"格式"按钮，下拉列表中选择"字体"选项，在弹出的"字体"对话框中将"中文字体"设置为"宋体"，将"西文字体"设置为 Times New Roman，如图 C-6 所示。

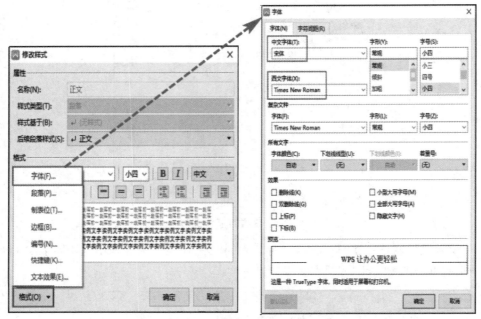

图 C-6　修改字体样式

（2）修改章、节、条标题样式。

① 在"开始"选项卡的在样式中右击"标题 1"，在弹出的快捷菜单中选中"修改样式"选项，弹出"修改样式"对话框。

② 在"修改样式"对话框中单击"格式"按钮，从下拉列表中选中"字体"选项，在弹出的"字体"对话框中将"中文字体"设置为"黑体"，将"西文字体"设置为 Times New Roman。

③ 按照同样的方法修改"标题 2"（节标题）和"标题 3"（条标题）。

（3）设置章标题位于页首行。

① 在"开始"选项卡的样式中右击"标题 1"，在弹出的快捷菜单中选中"修改样式"选项，弹出"修改样式"对话框。

② 在"修改样式"对话框中单击"格式"按钮，从下拉列表中选中"段落"选项，在弹出的"段落"对话框的"换行和分页"选项卡中选中"段前分页"复选框，如图 C-7 所示。

4）多级列表的应用和修改

（1）将光标定位"第一章 绪论"位置，在"开始"选项卡中单击"编号"按钮，从下拉菜单中选中"自定义编号"选项，弹出"项目符号和编号"对话框。在"多级编号"选项卡中选中一

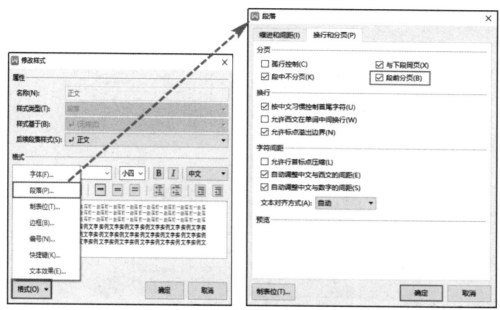

图 C-7　修改段落样式

种与题目要求相近的编号样式,如图 C-8 所示。

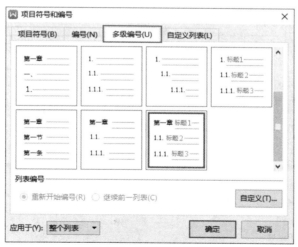

图 C-8　设置编号样式

（2）在"项目符号和编号"对话框中单击"自定义"按钮,弹出"自定义多级编号列表"对话框。单击"高级"按钮,展开全部功能,设置如图 C-9 所示。

（3）在"级别"列表框中选中"2",将"编号格式"修改为"①②",在"将级别链接到样式"下拉列表框中选中"标题 2",在"编号之后"下拉列表框中选中"空格",选中"在其后重新开始编号"复选框,如图 C-10 所示。

（4）在"级别"列表框中选中"3",将"编号格式"修改为"①②③",在"将级别链接到样式"下拉列表框中选中"标题 3",在"编号之后"下拉列表框中选中"空格",选中"在其后重新开始编号"复选框,如图 C-11 所示。最后单击"确定"按钮,完成编号的设置。

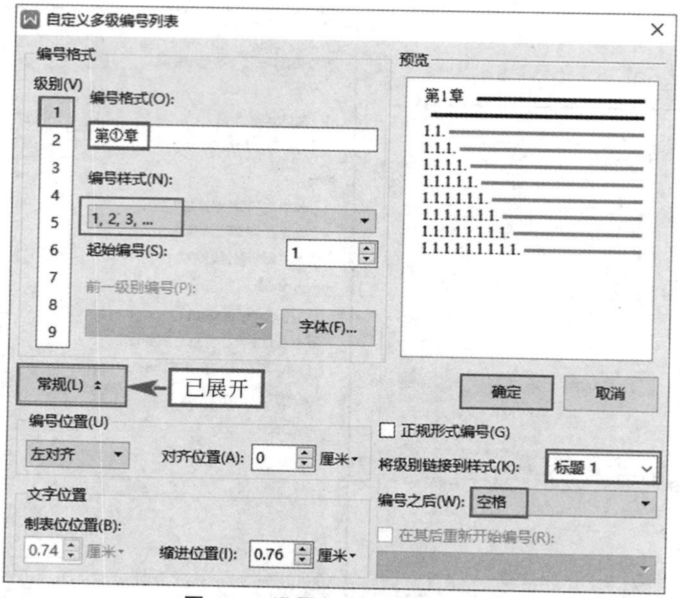

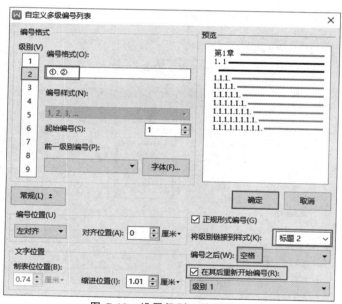

图 C-9　设置级别 1 编号样式

图 C-10　设置级别 2 编号样式

5）设置题注及图片样式

（1）添加题注。

① 删除原先图片的手动编号,例如"图 4-1"。

② 将光标定位于"随不同权重系数对应的 MAE 值"文本左侧,在"引用"选项卡中单击"题注"按钮,弹出"题注"对话框。

③ 在如图 C-12 所示的"题注"对话框中选中"标签"列表中选中"图",将"题注"设置为"图 1"。注意,要手动在数字 1 后输入一个半角空格。单击"编号"按钮,弹出"题注编号"对

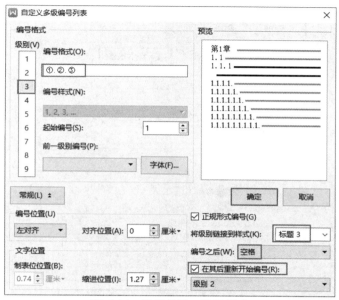

图 C-11 设置级别 3 编号样式

话框。在"题注编号"对话框中选中"包含章节编号"复选框,单击"确定"按钮,返回"题注"对话框,再单击"确定"按钮,完成设置。

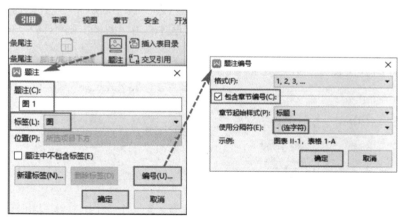

图 C-12 设置题注样式

④ 将光标置于标签"图"与编号"4-1"之间,手动删除它们之间的空格。

⑤ 用同样的方法添加另外一张图片的题注。

(2)设置图片样式。

① 选中图片 4-1,在"开始"选项卡中单击"段落"组的对话框启动按钮,弹出"段落"对话框。在"换行和分页"选项卡中选中"分页"栏的"与下段同页"复选框,如图 C-13 所示。单击"确定"按钮,完成设置。

② 用同样方法,设置另外一张图片的样式。

(3)交叉引用。

① 删除文档中的文字"图 4-1",在"引用"选项卡中单击"交叉引用"按钮,弹出"交叉引

图 C-13　设置段落样式

用"对话框。

②　在"交叉引用"对话框,在"引用类型"下拉列表中选中"图",在"引用内容"下拉列表中选中"只有标签和编号",在"引用哪一个题注"框中选中"图 4-1 随不同……",如图 C-14所示。单击"插入"按钮,完成设置。

③　用同样的方法设置另外一处文字的交叉引用。

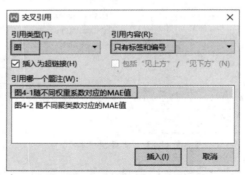

图 C-14　设置交叉引用

6)设置表格格式

(1)选中表格,在"表格工具"选项卡中单击"自动调整"按钮,在下拉菜单中选中"根据内容调整表格"和"适应窗口大小"选项。

(2)选中表格,在"表格样式"选项卡中单击"边框"按钮,在下拉菜单中选中"边框和底纹"按钮,弹出"边框和底纹"对话框。

(3)在"边框和底纹"对话框的"边框"选项卡的"设置"中选中"无",在"线型"列表框中选中"直线";设置"颜色"为"黑色","宽度"为"1.5 磅",在"预览"栏中选中"上框线"和"下框线"，如图 C-15 所示。

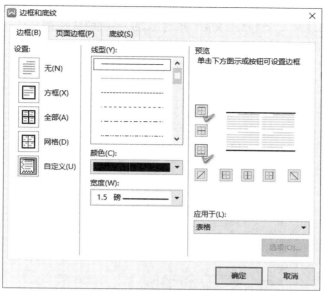

图 C-15　设置表格格式

（4）选中表格的第 1 行，在"表格样式"选项卡中，将"线型粗细"设置为"0.5 磅"，单击"边框"按钮，从下拉菜单中选中"下框线"选项，如图 C-16 所示。

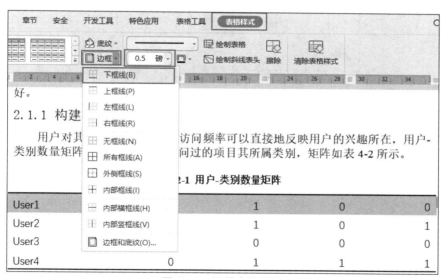

图 C-16　设置表格样式

（5）选中第 2～4 行的第 1 列，在"表格样式"选项卡中将"线型粗细"设置为"0.5 磅"，单击"边框"按钮，从下拉菜单中选中"内部横框线"选项，如图 C-16 所示。

（6）选中表格，单击"表格工具"选项卡中单击"标题行重复"按钮。

7）目录添加与格式应用

（1）添加目录。将光标定位于封面页下的空白处，在"引用"选项卡中单击"目录"按钮，从下拉菜单中选中"自动目录"下的样式。

（2）设置目录格式。

① 选中文章末端的文字"参考文献"并右击，从弹出的快捷菜单中选中"格式刷"选项，此时鼠标也变为格式刷样式，用"鼠标"刷出"目录"文字的格式。

② 再次选定文字"目录"，在"开始"选项卡中单击"段落"组的对话框启动按钮，弹出"段落"对话框，将"大纲级别"选择为"正文文本"，如图 C-17 所示。

图 C-17　设置目录的段落样式

③ 将光标置于目录区。在"开始"选项卡的样式中右击"目录 1"，在弹出的快捷菜单中选中"修改样式"选项，弹出"修改样式"对话框，在"格式"栏中设置字体为题目要求的目录 1 样式的"黑体"，字号为"小四"，英文字体为 Times New Roman，如图 C-18 所示。

④ 用同样方法设置 2 级和 3 级标题格式，即修改"目录 2""目录 3"样式。

8）分节与页眉页脚设置

（1）设置分节。

① 将光标置于封面页的空白处，在"页面布局"选项卡中单击"分隔符"按钮，从下拉菜单中选中"下一页分节符"选项。

② 将光标置于目录页的末端，在"页面布局"选项卡中单击"分隔符"按钮，从下拉菜单中选中"连续分节符"选项。

③ 用同样的方法将光标置于"第 4 章"页的末端并插入"连续分节符"。

（2）插入页眉。

① 在封面页首页双击页眉区，在"页眉和页脚"选项卡中单击"页眉横线"按钮，从下拉菜单中选中"无线型"选项。

② 将光标移到"目录"页面位置，在"页眉和页脚"选项卡中取消选中"同前节"，再单击

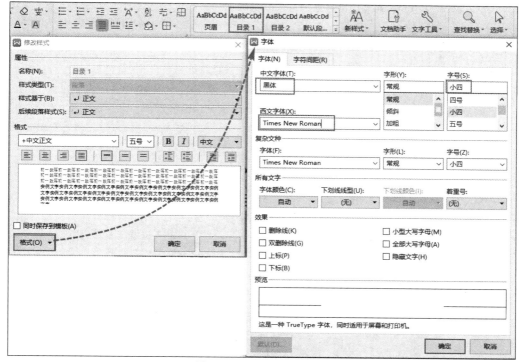

图 C-18　设置目录的字体

"页眉横线"按钮,从下拉菜单中选中"上粗下细双横线"选项。

③ 将光标分别移至正文"章节"首页页眉位置和"参考文献"页首页页眉位置,在"页眉和页脚"选项卡中取消选中"同前节"。

④ 将光标分别移至"目录"页首页页眉位置和"参考文献"页首页页眉位置,在"页眉和页脚"选项卡中单击"域"按钮,弹出"域"对话框。在"域名"栏中选中"文档属性",在右侧的"文档属性"栏中选中 Title,如图 C-19 所示。单击"确定"按钮。

图 C-19　设置域的文档属性

⑤ 将光标移至正文"章节"首页页眉位置。在"页眉和页脚"选项卡中单击"域"按钮弹出"域"对话框。在"域名"栏中选中"样式引用",在右侧的"样式名"下拉列表中选中"标题1",选中"插入段落编号"复选框,如图 C-20 所示。单击"确定"按钮。

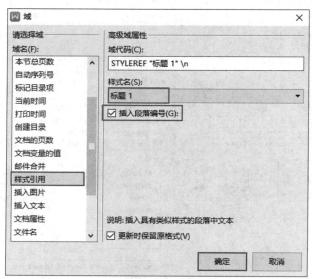

图 C-20　设置域的样式引用(1)

⑥ 继续在"章节"首页页眉位置。在"页眉和页脚"选项卡中单击"域"按钮,弹出"域"对话框。在"域名"栏中选中"样式引用",在右侧的"样式名"下拉列表中选中"标题1",如图 C-21 所示。单击"确定"按钮。

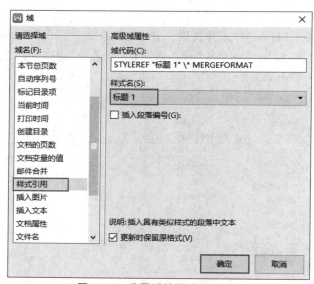

图 C-21　设置域的样式引用(2)

⑦ 将光标置于"第1章"与"绪论"之间,输入一个半角空格。页眉默认居中对齐。

(3) 插入页脚。

① 将光标移至"目录"页首页页脚位置。单击页脚上方的"插入页码"按钮,在展开的面

板中将"样式"选为"Ⅰ,Ⅱ,Ⅲ","将"位置"选为"居中",将"应用范围"选为"本节",如图 C-22 所示。单击"确定"按钮。

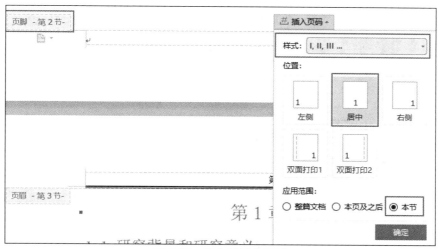

图 C-22　插入目录的页码

② 单击页脚上方的"重新编号"按钮,在展开的面板将页码编号设置为"1"。

③ 将光标移至正文"章节"首页页脚位置。单击页脚上方的"插入页码"按钮,在展开的面板中将"样式"选为"1,2,3..."将"位置"选为"居中",将"应用范围"选为"本页及之后",如图 C-23 所示。单击"确定"按钮。

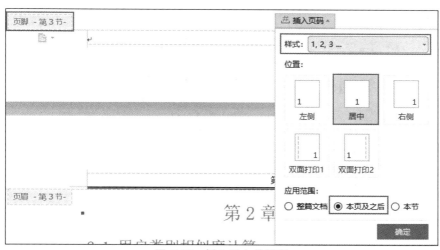

图 C-23　插入正文的页码

9）制表位和修改样式

（1）将光标移至第 3 章的公式位置,选定公式所在的行。

（2）在"开始"选项卡中单击"段落"组的对话框启动按钮,弹出"段落"对话框,单击"制表位"按钮,弹出"制表位"对话框,如图 C-24 所示。

（3）在"制表位"对话框的"制表位位置"框中输入"20",将"对齐方式"选为"居中",单击"设置"按钮,再在"制表位位置"栏中输入"40.5",将"对齐方式"选为"右对齐",单击"设置"

按钮,如图 C-25 所示。单击"确定"按钮。

图 C-24 "段落"对话框

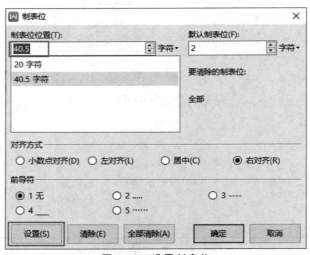

图 C-25 设置制表位

(4) 将光标移至第 3 章的第一个公式最前面位置,按 Tab 键,再将光标移至"(3-1)"前,按 Tab 键。

(5) 用同样方法设置另外两个公式格式。

10) 文件保存和格式转化

(1) 在快捷工具栏中单击"保存"按钮。

（2）在"特色应用"选项卡中单击"输出为 PDF"按钮，弹出"输出为 PDF"对话框。

（3）在"输出为 PDF"对话框中，将"保存目录"选为"源文件目录"，如图 C-26 所示。单击"高级设置"按钮，弹出"高级设置"对话框。

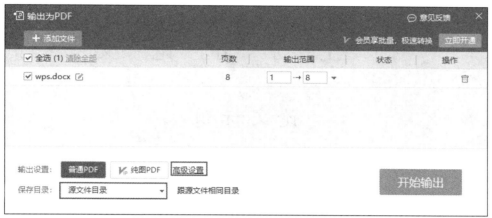

图 C-26　选择源文件目录

（4）在"高级设置"对话框的"权限设置"栏中选中"使以下权限设置生效"复选框，取消勾选"允许修改"和"允许复制"复选框，在"密码"和"确认"框中输入"123"，如图 C-27 所示。单击"确认"按钮。

图 C-27　设置密码

（5）再返回"输出为 PDF"对话框。单击"开始输出"按钮，关闭 WPS.docx 文件，排版后效果如图 C-28 所示。

校徽

硕 士 学 位 论 文

论文标题

姓　　　　　　名：

专 业 名 称：

指导教师姓名及职称：

研　究　方　向：

学　　　　号：

二〇××年××月

(a)

图 C-28　排版后的效果

目　　录

(b)

图 C-28　（续）

第 1 章 绪 论

1.1 研究背景和研究意义

随着互联网技术的飞速发展,网络上各类信息数据以指数函数递增,在现今这个知识搜索就能获得的大数据信息以及信息爆炸的时代,推荐系统帮助人们从海量数据中选取其感兴趣的内容,但同时也造成了用户信息获取的局限性。如果人们每天都只关注现在需要什么,仅仅想知道自己当下需要了解的或者别人推荐的知识,这会导致自己不自觉地沦陷模因里,会陷入一种"福克斯新闻台效应",而福克斯新闻台,在美国非常不被文化阶层所接受,这是为什么呢?

福克斯新闻台的人,最重要的特点是只看这个台,不去看《华尔街日报》,不去获得更多的信息来源。而一个看《华尔街日报》的人,反过来可能会去看福克斯新闻台,不会把它作为唯一的信息来源。现今时代,多数人生活在一个任人推送的世界中,每天被别人推给自己的大量信息所包围,这种情况会更强化自己的无知,使自己不自知地有更多的达克效应,导致自己的认知出现偏差,使得能力不足的人无法准确地了解自身的缺陷,这些人沉浸在自我营造的虚假优势之中,往往高估自己的能力,但无法客观评估别人的能力。

电子商务的迅猛发展,使得京东、淘宝、拼多多等购物平台迅速成为购物主流平台,网上购物可以节省时间、更快速高效地使用户购得其需要的商品。但很多购物和新闻等软件就是运用推荐系统给用户推荐其感兴趣的内容,一旦用户搜索某个商品或新闻,软件就一直推荐相似的内容,这种情况一出现人们就被达克效应围困而很难自知,人们仅仅在意自己想要的信息,长此以往,会产生文化遮蔽性。只注重推荐的高准确性,长时间后会让消费者产生审美疲劳、很难刺激其消费的欲望,尽可能使推荐同时考虑多样性与准确性,这样能更有效地让消费者持续关注消费网站,进而引起消费者的消费欲,从而多样性指标的应用开始变得越来越普遍,其要求推荐给目标用户的项目需要迎合用户的兴趣所在,更要使得项目和项目之间尽可能不相似。

第 2 章　相似性计算

2.1　用户类别相似度计算

基于用户的协同过滤在寻求用户喜好,只关注用户-项目评分,一般不会关注项目本身的属性,就是项目所属类别。然而,用户通常不是偏好指定的项目,是对项目所属的这一整个类别都有着偏好,例如某人偏好喜剧片、读名著、看娱乐新闻等,这全部是偏好某个项目所属类别。本文依据用户对不同项目类别的访问次数,构建用户-类别偏好矩阵,并根据不同类别项目在总项目数中的占比不同修正该偏好矩阵,为准确地计算用户偏好相似度奠定基础。

设 $U = \{u_1, u_2, \cdots, u_n\}$ 是用户集, $I = \{i_1, i_2, \cdots, i_m\}$ 是项目集, $C = \{c_1, c_2, \cdots, c_m\}$ 是项目类别集。下面从构建用户偏好矩阵和修正用户偏好矩阵两方面计算用户-类别偏好。

2.1.1　构建用户偏好矩阵

用户对其中某一项目类别的访问频率可以直接地反映用户的兴趣所在,用户-类别数量矩阵是整理归纳用户访问过的项目其所属类别,矩阵如表 2-1 所示。

表 2-1　用户-类别数量矩阵

	Item1	Item2	Item3	Item4
User1	1	1	0	0
User2	1	1	0	1
User3	1	0	0	0
User4	0	1	1	1

上述矩阵行代表项目类别,列代表用户集合。用户对其中某一项目类别的访问频率计算如公式所示。

(d)

图 C-28　(续)

第 3 章 推 荐 模 型

3.1 用户综合相似度计算

传统的协同过滤算法只考虑用户-项目评分矩阵,然而实际上网站包含的项目数极多,不同用户对同一项目的评分很少,矩阵稀疏性不可避免。但是,用户选择的项目类别相似,也一样能说明用户之间相似性较高。例如用户 u 访问过的项目中有 75% 是某类别,用户 v 访问过的项目中有 80% 是这一类别,即便两人所访问项目没有重叠,也可认为两人有较高的相似性,传统的协同过滤则会忽略这一情况。另外,由于项目类型数远小于项目数,若是能计算出用户对项目类别的偏好程度,构造用户-类别偏好矩阵,在得出推荐结果时将会更准确:一是用户喜欢的类别相同也说明具有相似性;二是大大减少了计算量;三是用户-类别矩阵维数更小,使得矩阵稳定稠密,有效地缓解了数据稀疏性。

本文在用户类别矩阵的基础上提取用户特征偏好,选取自适应谱聚类根据类别偏好对用户聚类,根据其结果进行类内和类外的综合选择;最后利用改进的相似性计算方法计算用户评分和类别的综合相似性,由排序的前几名用户构成目标用户的最近邻。例如,用户 u 是目标用户,用户 v 是用户 u 的近邻,计算用户与用户的 Pearson 相关系数,利用用户-项目评分矩阵能够得到用户评分相似度,计算如式(3-1)所示;用户-类别偏好矩阵能够得到用户类别相似度,计算如式(3-2)所示。

$$\text{rsim}(u,v) = \frac{\sum_{i=1}^{m}(r_{ui}-\bar{r}_u)(r_{vi}-\bar{r}_v)}{\sqrt{\sum_{i=1}^{m}(r_{ui}-\bar{r}_u)^2}\sqrt{\sum_{i=1}^{m}(r_{vi}-\bar{r}_v)^2}} \tag{3-1}$$

$$\text{csim}(u,v) = \frac{\sum_{i=1}^{x}(s_{ui}-\bar{s}_u)(s_{vi}-\bar{s}_v)}{\sqrt{\sum_{i=1}^{x}(s_{ui}-\bar{s}_u)^2}\sqrt{\sum_{i=1}^{x}(s_{vi}-\bar{s}_v)^2}} \tag{3-2}$$

根据聚类结果,从与目标用户相同簇和不同簇中的用户中选取近邻,本文使用改进的相似度方法,将用户评分相似度与用户类别相似度进行加权求和得出综合相似度,计算如公式(3-3)所示。

$$\text{sim}(u,v) = \lambda\,\text{rsim}(u,v) + (1-\lambda)\text{csim}(u,v) \tag{3-3}$$

其中,$\text{rsim}(u,v)$ 是用户评分相似度,$\text{csim}(u,v)$ 是用户类别相似度,均采用 Pearson 相似度。s_{ui}、s_{vi} 分别是用户 u 对项目类别 i 的偏好程度,$\bar{s}_u$、$\bar{s}_v$ 分别是用户 u 和用户 v 的平均偏好程度。λ 是权重系数,用做调整用户评分相似度在整个用户相似度中所占权重,取值范围在 $[0,1]$。烧蚀和热响应的数值仿真。

(e)

图 C-28 (续)

第 4 章　　实验结果与分析

4.1　模型参数分析

4.1.1　权重系数 λ 对推荐结果的影响分析

本文使用用户评分和类别的综合相似度进行相似度计算,两者之间的权重系数 λ 是一个非常重要的参数。为了获取最佳权重系数,选取最近邻个数 30,聚类数分别为 5、7、9。随着 λ 的变化 MAE 的变化如图 4-1 所示。

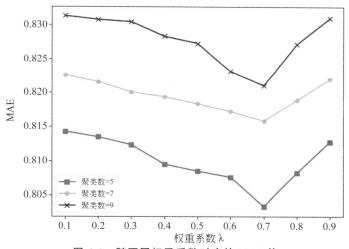

图 4-1　随不同权重系数对应的 MAE 值

可以看出,即使不同聚类数 MAE 也有着一致的变化趋势,MAE 随着 λ 的增大先减小后增大,可以说明仅仅关注用户评分相似度而不加入用户类别相似度时会降低推荐结果的准确性。具体表现为当 λ ∈ [0.1, 0.7] 时,MAE 随 λ 的增加而降低;当 λ ∈ [0.7, 0.9] 时,MAE 随 λ 的增加而增加,说明本文方法的最佳权重系数 λ 为 0.7。

4.1.2　聚类数对推荐结果的影响分析

在确定了权重系数 λ 为 0.7 后,根据顾明星等[75]的研究情况,该方法选取最近邻个数为 30,聚类数为 [2, 10] 之间的整数,然后在对应不同的聚类数下计算不同用户近邻数下的 MAE。实验结果如图 4-2 所示。

(f)

图 C-28　(续)

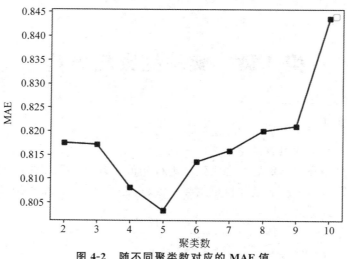

图 4-2　随不同聚类数对应的 MAE 值

　可以看出,MAE 随聚类数的增加先减少后增大。当聚类数相对小时,聚类结果呈现的不清晰,使得即使属于同一类中的用户其项目的偏好也有着较大的不同,不能准确计算出用户-类别偏好;另一个极端是当聚类数相对大时,有的类里可能包括很少的用户数,更有甚者类内就一个用户,这种情况下若在类内选取最近邻就得不到合适的结果,所以选取合适且符合实际的聚类数很大程度上影响最后的推荐结果准确性,因此需要进行对比实验来确定合理的聚类数。图 4-2 能够说明,当聚类数为 5 时 MAE 最低,说明该实验聚类数设定为 5。

(g)

图 C-28　(续)

参 考 文 献

［1］ 威廉・庞德斯通.知识大迁移移动时代知识的真正价值［M］.闫佳译. 杭州：浙江人民出版社，2018.

［2］ 张林，王晓东，姚宇. 基于项目聚类和时间因素改进的推荐算法［J］.计算机应用，2016，36（S2）：235-238.

［3］ 王睿，李鹏，孙名松.一种时间加权的网络结构推荐算法［J］.哈尔滨理工大学学报，2019，24（06）：104-108.

［4］ BRYNJOLFSSON E，HU Y J，SIMESTER D. Goodbye Pareto Principle，Hello Long Tail：The Effect of Search Costs on the Concentration of Product Sales［J］. Management Science，2011，57（8）：1373-1386.

［5］ GOLDBERG D.，NICHOLS D.，OKI B M. et al. Using collaborative filtering to weave an information tapestry［J］. Communications of the ACM，1992，35（12）：61-70.

［6］ RESNICK P，LACOVOU N，SUCHAK M，et al.Group Lens：an open architecture for collaborative filtering of netnews［C］//Proceedings of the 1994 ACM conference on Computer supported cooperative work. ACM，1994：175-186.

［7］ RESNICK P.，VARIAN H. R.Recommender Systems［J］. Communications of the ACM，1997，40（3）：56-58.

(h)

图 C-28 （续）